自我肯定的力量

[日]弥永英晃——著
肖辉 赵依程——译

四川文艺出版社

图书在版编目（CIP）数据

自我肯定的力量 /（日）弥永英晃著；肖辉，赵依程译 . -- 成都：四川文艺出版社，2021.5
ISBN 978-7-5411-5980-0

Ⅰ. ①自… Ⅱ. ①弥… ②肖… ③赵… Ⅲ. ①成功心理－通俗读物 Ⅳ. ① B848.4-49

中国版本图书馆 CIP 数据核字（2021）第 049725 号

著作权合同登记号　图进字：21－2021－98
"NOKAGAKU × SHINRIGAKU" DE JIKOKOTEIKAN WO TAKAMERU HOHO
Copyright © 2019 by Hideaki YANAGA
Illustrations by Hare MUKUAKI
All rights reserved.
First published in Japan in 2019 by Daiwashuppan, Inc. Japan.
Simplified Chinese translation rights arranged with PHP Institute, Inc.
through Bardon-Chinese Media Agency.

ZIWO KENDING DE LILIANG

自我肯定的力量

［日］弥永英晃　著

肖　辉　赵依程　译

出品人　张庆宁
选题策划　北京斯坦威图书有限责任公司　斯坦威
编辑统筹　李佳铌　张其欣
责任编辑　邓　敏
封面设计　WONDERLAND Book design 仙境 QQ:344581934
责任校对　汪　平

出版发行　四川文艺出版社（成都市槐树街 2 号）
网　　址　www.scwys.com
电　　话　028－86259287（发行部）028－86259303（编辑部）
传　　真　028－86259306

邮寄地址　成都市槐树街 2 号四川文艺出版社邮购部 610031
印　　刷　河北鹏润印刷有限公司
成品尺寸　147mm × 210mm　开　本　32 开
印　　张　6　字　数　100 千字
版　　次　2021 年 5 月第一版　印　次　2021 年 5 月第一次印刷
书　　号　ISBN 978-7-5411-5980-0
定　　价　42.00 元

未经许可，不得以任何方式复制或抄袭本书部分或全部内容
版权所有，侵权必究
本书若有质量问题，请与本公司图书销售中心联系调换。电话：010-82561793

译者序

“自我肯定感”是近年来在日本开始流行的概念。所谓自我肯定感，是指喜欢自己，并对目前的自己满意的心理和行动。具体表现为“认为自己是有价值的存在”“爱自己”“积极地肯定自己的价值和存在意义”“接受自己本来的样子”等。自我肯定感不是自夸，而是对“真实的自己”的认可；不是自己比他人更优秀，而是无论优秀与否，自己都能接受的心理状态。

自我肯定感高的人对于人生中的各类烦恼都能以积极的心态轻松应对，其人生也是一片坦途；而自我肯定感低的人，则会非常容易陷入让自己痛苦不堪的负面旋涡中，对他们来说，人生已经成为一件“苦差事”。

而抑郁症、惊恐症等心理疾病，其背后的深层原因正是自我肯定感低下。根据世卫组织的最新估计，目前有 3 亿多人罹患抑郁症，从 2005 年至 2015 年，这个数字增加了 18% 以上。如何简单高效地提高自我肯定感并治愈心理疾病，已经成为亟待解决的现实问题。

作者自身也曾饱受抑郁症与惊恐症的折磨，痛苦不堪；在战胜病魔后，他根据自己的亲身经历总结出了一系列实用技巧。本书的写作目的就在于，向你分享轻松提高自我肯定感的方法。

目前市面上的同类图书都是从心理学的角度来阐述如何提高自我肯定感的，但此类方法较为耗时，并且改善率不高。而作者独树一帜，从脑科学的角度入手，为我们阐述了大脑神经可塑性原理及其在提高自我肯定感方面的重要作用，并提出了综合运用脑科学与心理学来提高自我肯定感的独家方法。

我们需要做的就是，通过不断进行积极的心理暗示，让大脑形成相应的自动反应模式，为大脑重新编程。在本书中，作者为我们详细介绍了“让内心焕然一新的 3 个步骤”和“提高自信的 17 种方法”，只要跟着作者一起练习，就能轻松提高自我肯定感，实现心理上的脱胎换骨，让自己拥有更加幸福的人生。

作为译者，我发现自己周围也有朋友存在着自我肯定感低下的问题，因此第一次读到这本书的时候有一种相见恨晚的感觉。在新闻中，我也看到过有年轻人因为经常刷朋友圈、不断与他人比较而患抑郁症的事例。不必感到惊讶，毕竟抑郁症是一种善于伪装的病魔。大家都倾向于在朋友圈里晒出自己幸福快乐的一面，而正在刷朋友圈的人，会不自觉地在心里与他人做比较，久而久之，就容易陷入“消极旋涡”。

希望这本书能够为正在苦恼于自我肯定感低下的人们提供些许帮助。

我知道你现在很难过

所以我不会去强迫你和我说些什么

我只想顺着你的步调悄悄走近你，

陪伴在你身旁。

用我温柔的目光，

满怀诚意地守护你。

我也不会急着让你将心里的隔阂一吐为快。

我甚至不会强求你做任何事，

你现在是完全自由的。

而当你鼓起勇气想和我说些什么的时候，

我会静静地倾听你的诉说，绝不会打断你。

也不会提出任何异议。

无论何时何地，我都是你的心灵避风港。

无论你过去是什么样子，我都全盘接受。

即使你现在心里满是自我否定也没关系。

闭上眼回想一下，你刚出生的时候，自己纯纯粹粹、

洁白无瑕的样子。

这样一来，当你打算提高自我肯定感的时候，

你就能像呵护宝宝那样呵护自己。

即使你现在焦虑不安也无妨。

怀揣着心里的这份呵护，

把婴儿时的自己重新抚养长大吧。

不管怎么样，

先把这本书慢慢地读下去。

前　言

现在，你终于可以挺起胸膛说“我喜欢自己”了！

你是否也有这样的困扰？

- 每天提心吊胆，畏畏缩缩，看别人的脸色过日子
- 任人玩弄
- 总是惴惴不安，苦闷不已
- 即便认为自己的想法是正确的，也什么都不说；一旦被人批评就立刻道歉，可随后又对自己刚才的道歉懊悔不已
- 每次看到别人充满自信的样子，就会不由自主地与其比较，懊恼于“自己怎么这么差”
- 过于在意周围人的想法，想说的话也不敢说，导致自己疲惫不堪

- 要是能好好地表达自己的想法该多好
- 哀己不幸，怒己不争

在学校、职场、恋爱、交友、家庭、育儿等方方面面，都可能出现上述烦恼。

如果你也对这些事情感到烦恼，那我猜这可能是“自我肯定感低下”导致的。

对于你的痛苦，我也能感同身受。

因为我曾经也是个自我肯定感很低的人，直到二十七八岁还处在人生的低谷。

后来我甚至还患上了惊恐症和抑郁症，并且一直为自己的负面想法和超低的自我肯定感而苦恼。因为我感受不到自己的价值，也不知道该怎样去爱自己。

那么我是如何通过提高自我肯定感从而战胜惊恐症和抑郁症，进而成为作家和心理咨询师并小有成就的呢？

对于这些疑问，我都会在第一章里面逐一解答。

在本书中，我将会结合我的亲身经历，运用脑科学和心理学这两门前沿科学来阐述“自我肯定感低”的状态和成因，以及如何去解决这一问题。

最近这阵子，“自我肯定感”一词突然火了起来，书店里也多了不少关于“如何提高自我肯定感”的书。但是那些书基本都是从心理学的角度来阐述如何提高自我肯定感的，而“运用脑科学来提高自我肯定感”的书却连一本都没有。

因此，本书将为你讲述“如何运用脑科学来提高自我肯定感”。

实际上，在现在的日本，仍然有很多人和从前的我一样，饱受自我肯定感低下所带来的人生苦恼。

从调查结果来看，日本儿童的自我肯定感水平要低于其他国家。日本内阁府也在近期提出了“提高自我肯定感”的方针。

内阁府曾对“各个国家分别有几成人口对自己感到满意”进行过调查。结果显示，美国有 86%，英国有 83.1%，法国有 82.7%，韩国有 71.5%。而相比之下，日本还不到一半，仅仅有 45.8%。

也许你因为自我肯定感低下而没有自信，每天过着苦闷而又拘束的生活。又因为没有自信而陷入了负面的旋涡，日复一日，无法自拔。

你从前一定有过无数次痛苦的经历，也许也为此流下过无数次悔恨的泪水。但是，这并不是你的错。

其实，你随时都可以提高自我肯定感。

也许你会问:“啊？有这么简单吗？”

请尽管放心。无论你年纪多大、天性如何，也无论你学历高低、财富多少，你都可以通过提高自我肯定感来增强自信。

与体育项目不同，提高自我肯定感并不需要从小就进行高强度的训练，不需要长期积累。

提高自我肯定感这件事，只要你想去做，就一定能做到。

既然你已经翻开了这本书，那想必你也曾经因为自我肯定感比较低而苦恼吧。

本书是日本首部关于“运用脑科学提高自我肯定感”的著作，并且书中的内容皆可付诸实践。

此外我们还有心理学来助阵。我希望通过综合运用上述两门学科，能够让你解开心结，放松身心。这样一来，正面的思绪便会自然而然地在你的心里生根发芽。

只需 3 步，你就能体会到提高自我肯定感所带来的全新感受。

此外，在本书中，你还将学习 17 个如何让自己开心的小窍门。上述 20 种方法，你只要跟着做，就能轻松提高自信。

我曾经因为自我肯定感低下而患过惊恐症和抑郁症，而这些方法正是我战胜病魔之后所总结出来的。

运用这些方法，我已累计帮助上万人消除他们的自卑感，摆脱“没有自信”“感觉自己低人一等”的感觉。

本书最重要的一点就是，我可以向你证明，无论何时何地，你都能解开心结，重新接纳自己。

在不久的将来，你就能每天快快乐乐地拍着胸脯说：“我很幸福！”

如果你正在因为自我肯定感低下而没有自信、痛苦不堪，那就开始慢慢地把这本书读下去吧。相信一定会对你有所帮助！

目　录

CONTENTS

第二章　提升自我肯定感，从发现自己的执念开始

第三章　如何立竿见影地提高自我肯定感

第一章

人人都能拥有自我肯定的力量

一、自我肯定＝拥有加倍幸福的人生

在进入正题之前，我想先讲述一下我曾经是如何克服自我肯定感低下的问题的。

我现在在日本大分市经营着一家心理咨询室，名为“心声心理工作室”。

我主要的工作内容是从脑科学、遗传学、心理学和医学的角度出发，结合我开发的心理疗法和心理训练，在潜意识与身体层面上解决包括惊恐症和抑郁症在内的诸多心理问题，治愈霸凌和虐待所导致的精神创伤。

除此之外，部分咨询者还有以下诉求或烦恼：

- 想从失恋中走出来，建立舒适的恋爱关系
- 无论如何也要处理好职场关系
- 想找到自己真正想做的事情

- 想拥有更加精彩的人生
- 想在工作、运动和学习中取得成果
- 想戒掉食瘾和烟瘾

- 辗转反侧，难以入睡
- 因为自我肯定感低下而每天痛苦不堪

在和众多咨询者沟通的过程中，我着实对他们过低的自我肯定感感同身受。

我的工作并不是治病，而是帮助咨询者们改变自己的生活方式，通过心理训练让他们拥有更精彩的人生。传统的治愈疾病、消除烦恼只不过是把负面的东西清零而已。而我要做的则是帮助他们跨过“零”这道坎，让正能量焕发生机。而其中的关键就是提高自我肯定感。

拥有更幸福的人生
治愈疾病
幸福・新目标・自我实现
正
0
负
只能恢复到
这个程度！
正
0
负
疾病与烦恼
症状与疾病
引导来访者从负面走向正面，拥有更加幸福的人生
一般的治理只能让来访者从负面状态恢复到原始状态。

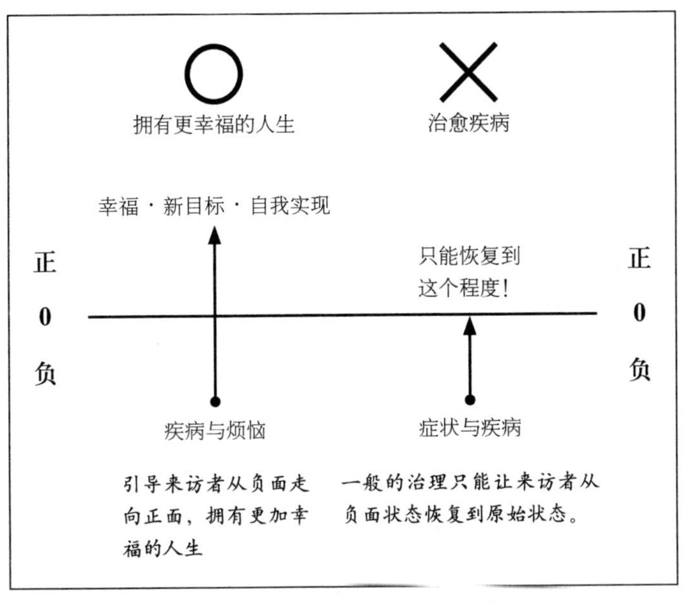

图 1–1

二、自我肯定感低下的人生有多糟糕

其实，在成为心理咨询师之前，我曾在多个科室（包括精神科与心理治疗内科）当过护士。因此，作为一名心理咨询师，我不仅能帮助患者解决一时烦恼，更能从长期的角度来帮助患者过上更好的生活。

当了护士之后，我自己也患上过惊恐症和抑郁症，借此机会我还学习了心理学。在担任医院咨询师期间我还有过精神科、心理科、青春期门诊等临床经历，从医院离职后我创办了一家自己的心理咨询室。

作为一名拥有 19 年医疗与心理治疗经验的咨询师，我已经累计帮助上万名咨询者改善他们的症状。现如今患者症状的改善率已经惊人地超过 98%。在包括明星大咖等众多咨询者们的热情支持下，现预约咨询等待时间已长达 5 年半，因此无法再接受新的预约，我对此深表歉意。

在此背景下，我还是希望凭借自己的经验和知识能够为更多挣扎于痛苦之中的人们提供些许帮助。于是，我开始创作一些能够治愈人心的作品，如今著作销量累计超过10万部。

我现在居住在日本九州大分县大分市，能为这里的众多咨询者们略尽绵薄之力，我心里也充满了感激之情。虽然现在我每天过着非常幸福的生活，但我小时候也是那种毫无自信、既认生又内向、有自己的想法也不敢说、只能靠看别人脸色过日子的人。

那段日子里，我既无梦想也无希望，因为自己没什么价值，更没有特殊的才能。现在想来，自己当时的自我肯定感太低了。

至于我当时的自我肯定感有多低，具体有过怎样的想法，可以看下面的例子。

- 看别人脸色过日子，不敢表达自己的想法，只能痛苦地憋在心里
- 认定自己是个毫无价值的人

- 在学校无法和周围的朋友们打成一片
- 学习成绩差。自认是个废人。
- 经常想：如果我现在变成另一个人，我的人生会有怎样的改变呢？

- 我讨厌自己的性格
- 不知道该怎样去爱一个人
- 接连失恋导致自己非常颓废

- 很难与周围的人进行沟通
- 非常不善于和别人说话，自己的想法连十分之一都表达不出来
- 在众人面前很紧张

- 无法展现真实的自己
- 在课堂上站在大家面前发言时，由于怯场而吐字困难

- 在父亲面前畏畏缩缩，什么都不敢说，只能在心里堆积着不满和愤怒
- 经常不由自主地思考负面的东西
- 心里堆积着愤怒等负面情绪

诸如此类的负面想法俯拾皆是，我曾经一直对此感到很苦恼。

三、为什么有人难以肯定自己？

为什么我从前没有自信呢？

我小的时候是在父亲严苛的教育方针下长大的。父亲奉行学历至上论，总是逼着我学习。我现在还记得他从前总是说学习好的孩子才是最棒的。其实他的父母（即我的祖父母）也抱有“聪明的孩子＝有价值的人”这一观念，并且他正是在这一观念的灌输下长大的。

因此，父亲便把自己从父母那里受到的教育视为真理，并在我小时候将这种观念强行灌输给我。

我父亲虽然持有高中教师资格证，但是他并没有选择当老师，而是以一级建筑师的身份在一家大型建筑公司工作。他忙里偷闲，通过不懈努力先后取得了一级建筑施工管理技士、一级土木施工管理技士、一级造园施工管理技士等建筑领域的顶级资格证书。

父亲非常用功，每天直到深夜，书房里还是灯火通明。

对于他来说，世界上最重要的事情莫过于头脑聪明，因此他想让孩子也拥有聪明的头脑。他甚至曾表示，就算考试得了 99 分，那也不是满分，毫无价值；如果拿不到班级第一名的话，那也是毫无意义。

“为什么儿子明明和自己流着相同的血，却连这点事情都办不到呢？”他真是越想越不解，越想越气。

而一旦学习成绩下滑，父亲就会对我破口大骂、拳打脚踢，甚至扔东西砸我。

如果母亲中途救场的话，还会引发一场大争吵。这类事件时有发生。不得不说，我当时的生存环境真的是非常艰苦。

虽然我也有过幸福的时刻，但是一回想起来，内心还是被当时的恐惧所支配着。

在父亲眼里，他自己成绩优秀是理所当然的，因此他无法容忍自己的儿子头脑不聪明且成绩不优秀。

因此，类似于“我很笨，我不行。我应该好好学习。”这样的“我应该……”的思维方式便深深根植于我的脑海当中。

我认定自己什么都做不好，就是个废物，毫无价值。

这一认定清晰地留在我的脑海中，久久不能散去。

很多抑郁症患者都抱有一种“非黑即白”的观念。

即只能在黑白之间做出选择，根本不存在灰色这一中间色。这是一种非常极端的想法。在父亲的眼里，也只有学习好的孩子和学习差的孩子，根本不存在其他中间选项。

若是站在父亲的角度来说，他也只是想让孩子上个好大学，找个好工作，做这些都是为了孩子好。我现在也能理解父亲的想法。

不过这种“勃然大怒，大打出手”的父爱的表达方式有些笨拙。

也许父亲并无恶意，只是把父母爱自己的方式原封不动地搬到了儿子身上。

但是，我当时只是个小学生，没法理解这些。父母对孩子是有着绝对的权威的。这种父爱的方式对我来说未免太过痛苦。我当时只是单纯地感到害怕，甚至有时候会痛恨到怀疑眼前的这个人到底是不是自己的亲生父亲。

我小时候真的既没有自信，也没什么自我肯定感。

光是活着就已经够煎熬了，我还经常受同学欺负。但是即便在学校受了欺负，我也不敢向朋友和老师透露一丁半点。能接纳我的只有囚笼般的家，所以在外面说再多也没用，我只能固执地保持沉默。

四、乐于助人？还是自我救赎？

上述的状况从未停止过。我性格内向，只能看别人的脸色，从不敢发表自己的意见，还总是在自己和别人之间筑起一道隐形的墙。如此性格的我，立志当一名护士。

因为我母亲是一名妇产科的护士，所以我从她那里得知拯救生命是一份了不起的工作。我想：或许我这种学习很差又毫无价值的人，也能做一些对别人有帮助的工作。我被这一职业深深吸引，通过不懈努力，我后来终于成为一名护士。

虽然当时我也可以选择其他医疗岗位，但是因为我没有自信，一遇到问题就不由自主地找母亲商量，所以就选择了像母亲那样当一名护士。

因为护士是女性占主体的职业，所以我觉得男性反而可能在某些方面起到一些作用。

我从没后悔过当护士。直到现在我依然觉得这是一份有价值又了不起的工作。无论什么时候，我都一如既往、诚实礼貌地接待患者，因此我作为一名男性护士，获得了众多患者的信赖。

但是现在看来，我选择当护士来帮助别人也不过是一种代偿行为，因为这样我就可以在心理上获得一张张赎罪券，如“我活在世界上并不是累赘！”“我作为一名护士救死扶伤也是有价值的！”。

即便这样，我对于自己的未来还是没有自信。

五、过度依赖他人，可能只是为了满足自尊

仅仅从表面来看，因为“我是护士”所以就认为自己有价值，这种想法终究不是真正的自我肯定感。

所谓“我是 ××”，根据个体差异，×× 可以是与权威、权力、名誉、金钱、地位、恋人以及工作等相关的词汇。

比如，我曾经为某位女性做过心理咨询，她花着自己的钱尽心尽力地照顾着既不上班又喜欢家暴的废物男人。她觉得这个男人不能没有自己，一旦离开自己就活不下去了。其实，这也是为了弥补自己过低的自我肯定感而做出的代偿行为。也可以说是为了满足自己的自尊心。

心理学把这种关系称为依赖共生关系，其实这是自我肯定感低下导致的。

对于处于依赖共生关系的女性来说，归根到底是因为自己抱着“他不爱我”“我想被爱”等的想法造成了这种局面。而正因为自我肯定感低下，所以只能通过“对方爱着自己”这一渴望被认可的心理来填补巨大的心理空缺。换句话说，就是想满足自己的自尊心。

看一下下面的例子。

1. 抱有“想被某个人需要”这一强烈想法（即非常需要被认可）。

2. 过于干涉，喜欢管对方的闲事（因为没有安全感而想要控制对方）。

3. 放不开对方（只要对方没联系自己，就立刻烦躁不安，感情用事）。

4. 过多自我牺牲（把自己的金钱、时间、精力都倾注在对方身上）。

5. 思考方式极端扭曲（比如，即便被人欺负也认定对方是为了自己着想才这么做的）。

这种通过依赖共生关系获得的爱情，不过是通过代偿行为获得的虚假的自我肯定感。而真正的自我肯定感应该是“自己的存在本身就是有价值的”，和别人没有任何关系。而有的人连这一点都意识不到，这也正是依赖共生关系的可怕之处。

类似的，我也同样选择了从自己的护士身份当中寻找价值。

护士这一社会地位帮助我填补了内心的空缺。

但是我丝毫没有察觉，一直麻痹着自己的内心。

虽然我也谈过恋爱，但是那时候只是为了满足自己想要被认同的欲望，所以恋爱进展并不是很顺利。一想到自己连恋爱都没法好好谈下去，我就更加郁郁寡欢。

要想摆脱这种不健康的心理模式，重要的是要和对方保持距离（在心理学上我们称之为边界），让自己的脑神经回路处于一种更加积极的状态，并改造自己的潜意识。

有机会的话我也想为那些苦恼于互赖关系和恋爱的人们写一本书。

六、缺少价值感，再大的成功也无法满足

从前我对自己的未来一直没有自信。

记得那时候，我觉得只要怀揣梦想，自己的价值就会增加。那个年代还没有互联网，所以我每天都跑去书店翻阅各类图书。我现在依然认为，我们现代人遇到的烦恼，其实前人都已经给出了解决的办法，所以可以在书中寻找到线索或答案。因为我从书中获得了很多帮助，所以我现在也在写书。

我曾经看过有关随船医生的特别节目，发现除了随船医生以外，原来还有随船护士这一职业。因为我喜欢大海，所以不甘心仅仅在医院里工作一辈子。

虽然我曾跃跃欲试，但一直犹豫不决。因为觉得自己不行，所以一度想过放弃。

后来我觉得不能就这样放弃，于是强迫自己开始了随船护士的工作。自我肯定感低的人，有时会粗暴地胡来。那时的我就是个典型的例子。

随船护士在船舶的医务室工作，负责照顾乘客及乘务员的身体状况。我想在当随船护士的同时也扮演一下作家的角色，写一些游记、随笔、小说，以及画一些画，因此考取了“船舶卫生管理者”这一资格证书。

有了这一资格证之后，我就可以在航行期间给病人开药、打针。在紧急情况下还可以给病人做手术。

但是，这还不够。因为如果没有在急诊、内科、脑外科等的临床经历的话，依旧是没法在紧急时刻挽救患者的生命的。

于是，我在急诊、外科、内科、手术室、脑外科等科室都历练了一遍，之后还转去了临终医疗科室。此外，我还拥有作为男性护士上门护理的经历，这在当时的日本是非常少见的。

这一切的一切，只是源于我想为自己增加点自信，这样才能打破自己局限的世界观，看到更广阔的世界。

我明明在向着梦想进发，却不知为何内心深处充满苦闷。

平常人看着自己的梦想实现了应该感到高兴才对，但是我却反而感到心里慌乱不堪。

七、自我肯定感低，会导致神经过度紧绷

那时候我正在精神科和心理科担任护士一职。精神科规模很大，并且要每年调动一次岗位。因此我在那里照顾过患有各种各样病症的患者。

我刚刚从收治女性患者的封闭病房调动到认知障碍症长期疗养病房。虽然现在认知障碍症已经成为社会性问题，但在当时“认知障碍症”还被称作“痴呆症”。

在我所任职的病房，那里的患者们无法生活自理，吃饭、排泄、洗澡、行动都需要有人照料。

上夜班的时候，需要持证护士和准护士各一名，负责照看大约 80 位患者，有的患者还需要重点看护。甚至，有时还会出现患者因病情恶化而突然离世的状况。在这种缺乏人

手的情况下，只能由自己来负责急救，因此我经常会被强烈的紧张感所包围。

即便身边有下属，我也没法好好指示他们。

因为实在张不开口。所以我只能自己一个人包揽所有的工作，包括顶着精神上的压力。我在上夜班之前连觉都睡不着。

我精神上的弦紧绷着，拼命地挣扎。

一次，又到了上夜班的时间。

突然，我的心脏像要撕裂一般怦怦乱跳，连呼吸也出现了困难。

然后，我四肢麻痹，跌倒在了床上。这就是所谓的“惊恐发作”。当我恢复意识的时候，我已经被急救中心的救护车运走，正在打含有镇静剂的点滴。

我问医生这是什么病症，医生说：

“您刚才经历了一次惊恐发作。如果以后再次发作的话，请务必来精神科做检查。因为心电图和血常规都没有发现异常，所以应该是由精神因素造成的。”

虽说我之前也照顾过惊恐症的患者，但是根本不敢相信自己也患上了惊恐症。惊恐症发作起来真的很痛苦，我甚至想过，“要是再发作的话，就这么死了算了”。

由于病情反复发作，我作为随船护士乘船游览世界的梦想也破灭了。为了这一梦想而付出的持续数年的不懈努力也付诸东流。

因为患惊恐症，所以不能外出，只得把自己关在家里。我逐渐变得郁郁寡欢，患上了痛苦的抑郁症，并开始全盘否定自己。

八、心理困扰跟自我肯定感低有密切关系

正在阅读这本书的你，或许并没有因为自我肯定感低下而痛苦到患心理疾病的程度。

我在帮助患有惊恐症及抑郁症等心理疾病的咨询者改善症状的过程中发现，他们基本都苦于自己过低的自我肯定感。而一旦自我肯定感过低，就会萌生厌恶自己的念头，另外也没法控制好自己的情绪。

- 因为一点点小事就失落不堪
- 控制不好自己的情绪，也难以表达出来
- 由于厌恶自己，所以抑制不住情绪，容易激愤
- 压抑自己的情绪，因而患上了惊恐症、抑郁症等心理疾病

他们都有上述的倾向。

其实小时候的精神创伤、执念和性格是由处于负面状态的脑神经元产生的（这一点会在第二章和第三章具体阐述）。

九、疗愈从改变潜意识信念开始

曾经有段时间，我穷困潦倒到恨不得从世界上彻底消失。不能外出，加之抑郁症导致身体状况一团糟，我根本没法工作。积蓄也逐渐消耗殆尽。

人一旦被逼到绝境，就会产生一些极端的想法，并陷入其中，难以自拔。

我去精神科开了药，但是吃了之后副作用剧烈，无法持续用药。

我已经被逼到绝境，毫无退路——医院的治疗毫无作用，精神科医生也对我冷若冰霜。我一筹莫展。

这段经历我在《温和的抑郁症治疗法》和《迅速消除恐慌不安的17个方法》这两本书中有详细描述。后来我开始认真地考虑改变和治愈自己了。

我当时把自我肯定感低的原因归结为自己的心理问题，因此我认为采用心理疗法比较合适。

除此之外，还有非西医的针灸、推拿、食疗等疗法，但是这些都是调整全身的方法。我不否认确实有人适合这些疗法，但是就我来说，因为我小时候受过心理创伤，所以只能通过心理疗法来治疗。在当精神科护士的期间，我看过许多患者的病历，发现有些患者的心理疾病是由小时候的精神创伤造成的。因此我也尝试了一下作用于潜意识的催眠疗法，这也是心理疗法之一。

我在接受催眠疗法之前读了有关催眠疗法的书。书中写道，西医将精神疾病的病因归结为大脑的问题，而催眠疗法则认为病因在于潜意识中的精神创伤。

西医的药物能作用于大脑，但是不能改变潜意识。

“我大概有救了！”我至今还记得自己当时充满期待的样子。

十、催眠暗示的神奇作用

那个年代还没有互联网，我只能翻电话本寻找可以做催眠疗法的地方，最后找到了一家民营疗养院，而非医院。在那里我结识了催眠师 K 医生。

一提到催眠，我脑中就浮现出电视里的催眠术表演，心想催眠大概就是被人用催眠术操控吧。不过我也想起在看过的节目中，害怕蛇的人通过催眠之后就敢用手触碰蛇了，所以还是鼓起勇气接受了催眠。

当时由于知识欠缺，结果误解了真正的催眠。与催眠术不同，催眠疗法是脑科学、医学、心理学界所认可的，并且也是日美英三国的医师协会和美国心理学会所承认的正规疗法。

催眠疗法是日本厚生劳动省确立的身心疗法之一，并于2018年被纳入医保。也就是说，催眠疗法也是受日本医师协会认可的正式疗法。

《美国健康》（*American Health*）杂志刊载了阿尔弗雷德·巴里奥斯（Alfred Barrios）博士所做的关于心理疗法的调查，具体内容为包括催眠疗法在内的各种心理疗法的治愈率，结果如下。

- 使用精神分析疗法600次后，治愈率为38%
- 使用行为疗法22次后，治愈率为72%
- 使用催眠疗法6次后，治愈率为93%

催眠疗法竟有如此惊人的效果。

催眠既不是被人操控，也不是失去意识。

在接受催眠治疗的过程中，自己是有意识的，并非睡着也并非被操控。而且催眠状态也根本不是什么特殊的状态，而是一种我们每天能体验到的很自然的状态。

比如说，在入睡之前，半睡半醒的放松状态就是催眠状态。

在催眠过程中，我们不仅能够听到催眠师引导我们的声音，还能自由地用语言表达自己的想法。

十一、自我暗示能迅速提高自我肯定感

在一般的治疗中，咨询者仅仅是用耳朵去听咨询师说话。

但催眠疗法并非如此。催眠疗法通过作用于大脑的潜意识区域，找到惊恐症和抑郁症的真正心理原因并予以治疗。

通过催眠暗示，可以给大脑中植入良好的意象。

在人的内心中，平常的意识即表层意识占 10%，而自己感觉不到的潜意识则占了 90%。

在一般的咨询中，仅仅用到了大脑当中的这 10% 的表层意识，因此很难取得什么效果。

世界著名细胞生物学者布鲁斯 · 立顿（Bruce Lipton）博士对我们的表层意识和潜意识做了如下叙述。

- 研究表明，我们有 95% ～ 99% 的行为是受潜意识控制的。
- 潜意识每秒钟要处理 200 万个信号刺激，而意识只能解释其中的 40%。

接受过催眠疗法后，我通过自学了解了这部分知识，感觉自己受到了冲击。

原来我们从前仅仅靠着这 10% 的薄弱力量去寻求治愈惊恐症、抑郁症，和提高自我肯定感的方法。普通的心理咨询也都是在清醒的状态下进行的，因此也只能发挥 10% 的力量。

十二、利用积极暗示，能够改写人生剧本

世界知名心理学者认为，难以改善的性格、难以治愈的疾病等一系列问题，都出自幼年时期的心理创伤和消极的人生剧本。

人的软弱与偏见，实际上在 0 ~ 6 岁的时候就已经被浓墨重彩地描绘在人生剧本上了（我称之为在潜意识中植入的负面人生剧本）。

我从催眠师 K 医生那里得知，正是这种在潜意识中植入的负面的人生剧本决定了自己的人生。

之前无论多么努力都不见起色，原来问题出在这里。

当我通过催眠疗法在大脑中注入暗示，改变潜意识中的人生剧本之后，惊恐症就再也没有发作过了。

得幸于此，我也可以外出了。我开始读催眠疗法的书，让自己进入催眠状态，给自己注入有助于治疗的心理暗示。

此外，还有将负面的人生剧本改写为正面的方法。为了找到惊恐症和抑郁症的真正病因，我尝试了“退行催眠”。

运用这一疗法，我可以回到潜意识的记忆中惊恐症和抑郁症刚刚产生的那个时刻，找到真正的病因。

结果，因学习不好而被父亲敲打的场面便浮现在我眼前。

接下来就是通过催眠疗法将幼年时期的记忆替换成正面积极的记忆。

具体来说，就是替换为“父亲当年并没有对我进行打骂教育，而是对我谆谆教诲”，以此来治愈心理创伤。

为我实施催眠疗法的 K 医生经常和我强调语言和暗示的重要性——暗示疗法不仅能够治愈心理创伤，实际上有八成的心理困扰都可以通过暗示疗法得到缓解。

人在不知不觉中会受到语言的强烈影响。因此暗示疗法的重点之处在于将潜意识中的负面想法替换为积极的心理暗示。例如将“我不行、我没用、我毫无价值”替换为“不管怎么样我都没事、无论何时我都爱自己”。K医生在催眠过程中通过语言将积极的暗示注入到了我的潜意识中。

通过治疗，我的状态逐渐好转，变得行动自如，坐飞机也没问题了。就连对自己在世界上存在的意义也有了强烈的认同。从前还想着从世界上消失的我如变戏法一般脱胎换骨。

教我催眠疗法的恩师是世界级催眠疗法权威专家理查德·内维斯（Richard Neves）博士。20世纪60年代还没有出现各种各样的尖端心理疗法，而那时他就已经在加利福尼亚以催眠师的身份开设了心理咨询室，仅通过暗示疗法便治愈了九成患者。

我在学习内维斯博士的催眠疗法课程时，了解到艾米尔·库埃（Emile Coué）博士这一传奇人物。他是一名法国的药剂师，同时也是自我暗示疗法的发明人。他通过自我暗示疗法帮助过很多来求诊的患者，其中不乏风湿病、哮喘、结核、抑郁症和惊恐症等疑难杂症。

具体的做法是让患者早晚各做一次自我暗示，每次将自我暗示的内容念 20 遍。

我曾经通过催眠疗法解开了自己的心结，现在我学到了其背后的原理，即通过催眠暗示，提高脑神经的可塑性，将其调整为更加积极的神经回路。

这是一种运用脑科学来提高自我肯定感的优秀方法。具体内容将在第三章详细阐述。

十三、自我肯定感提高后的人生有多爽

提高了自我肯定感之后，我现在怎么样了？

- 即便学习不好也认为自己是有价值的
- 比起消极的事情，更加愿意去想那些积极的事情
- 即便做不到也不会轻易放弃，能够积极主动地行动起来

- 变得非常喜欢自己
- 再也不会被人随意摆布
- 能把自己的想法完整地传达给对方
- 能够愉快地谈恋爱
- 再也不必因焦虑而勉强创造梦想并以此来证明自己存在的价值了，心里轻松了许多
- 战胜了惊恐症和抑郁症

- 开始为名人做心理咨询
- 作为一名作家，从事创作，作品畅销
- 作为一名心理咨询师，大有成就
- 开始喜欢自己，懂得了爱的方式

- 每天都为自己生存于这个世界上感到高兴，心怦怦直跳
- 变得敢于在众人面前说话，如在纪伊国屋书店举办讲演会
- 能够参加电视节目，为艺人实施催眠疗法，以及在广播节目发言
- 能够感谢父亲的宽容与养育

与一开始相比，我的世界发生了180度大转变，连我自己都无法想象。

如前文所述，靠拥有权力、名誉、金钱、机会、工作和恋人等表面的有价值的事物获得的自我肯定感，并不是真正的自我肯定感。

虽然我也举过上电视和畅销书的例子，但也只是为了说明我的生活和环境经历了多大的变化，绝不是为了炫耀而写，恳请亲爱的读者们千万不要误会。

虽然会有点唠叨，但是我还是要重复一遍，因为这真的很重要。

真正的自我肯定感是指能够全面肯定自己存在的价值，以及能够爱自己。

现在我已经能够做到这一点了，生活也变得更轻松了。

如果你也因自我肯定感低下而生活痛苦不堪的话，那我想送给你一句话，这句话是当年为我做催眠疗法的 K 医生说的，不过他已经不幸离世了。

“无论你有多么惨痛的过去，都可以随时从头再来！”

我把这句话铭记在心，学习如何去爱自己，最终战胜了心魔。

第二章

提升自我肯定感，从发现自己的执念开始

一、什么是自我肯定感

- 不知为什么总是不顺利
- 只能看别人的脸色，却不敢吐露自己的想法
- 总是没有自信
- 常常对周遭敏感

没有形成自我肯定感的话，自己就会像上文那样过于自卑，习惯于把事物往坏处想，在自己的人生中也经常会干一些倒霉的差事。

那么，要说起什么是自我肯定感的话，其实就是字面意思，即所谓“我很重要”“我有存在的价值”这样的一种积极的心理感受。

对自己充满信心，能够全方位地肯定自己，无论何时、无论何事，都能够从容应对。

因此，只有提高自我肯定感，人生才会更加快乐，才能轻松自在地生活。

反过来，一旦自我肯定感低下，就会抱有自卑感，否定自己、厌恶自己。总而言之，就是变得没有自信，讨厌自己。

此外，自我肯定感低下的人也难以控制好自己的情绪。

- 因为一点点小事就失落不堪
- 由于厌恶自己，所以控制不住情绪，变得激愤
- 压抑自己的情绪，因而患上了惊恐症、抑郁症等心理疾病

因为自己常常被负面情绪所支配，所以在工作、学校、恋爱、家庭等场景，很难与别人沟通，无法建立良好的交际圈，导致自己孤立无援，进而对自己过度苛责，让自己失落不堪。

也就是说，自己的人生会陷入负面的旋涡。

二、自我肯定感高的人，其人生也是一片坦途

相比之下，自我肯定感高的人，其人生会更加顺利，比如会出现以下几种情况。

恰逢绝佳人脉与机遇，得以出人头地

【例】 对自己充满信心，能够轻松行动并取得成果。而且因为自己很幸福，所以会把幸福感和愉悦感传递给他人，并获得他人的好感。那些地位高的人也会更愿意给自己介绍“能推举自己的人”或“能帮自己摆脱困境的人”。

邂逅绝佳伴侣，组建美满家庭

【例】 恋人可以说是能够映射自己的一面镜子。如果去

接近一个自己并不在乎的人，那么目的无非是欺骗他、利用他甚至是剥削他罢了。

所谓自我肯定感高，指的是不仅能在乎自己，也能够珍视别人。能够好好为对方着想的人，其多半也能邂逅一位绝佳伴侣，携手走进婚姻殿堂，组建幸福美满的家庭。即使在养育孩子等方面遇到问题，那些自我肯定感高的人也能够提出建设性意见，与对方相互支持，共同解决问题。

因为我也在做恋爱方面的咨询，所以对此深有同感。

创业有所成就

【例】 总之，自我肯定感高的人会抱有一种强烈的信念，认为自己一定能行。自己的努力取得成果后，便会对其进行分析与评判，缜密地思考下一步该怎么做。即使遇到挫折，也会从中吸取经验教训。每次失败都意味着自己离成功又近了一步。

什么都不做的人当然是不会失败的。还有许多人信奉“马到成功”，又能随机应变、不骄不躁、善于积累经验，这样的人大多能在工作上有所成就。

这也是我为创业者、企业经理、律师等人士进行心理训练之后得出的结论。

像这样自我肯定感高的人，他们可以快乐而又自由地工作，乃至享受、赞美人生。

那我们来总结一下自我肯定感高的人都有哪些特征。

- 能够控制好自己的情绪
- 思想乐观，积极向上
- 坚信自己一定能行

- 能发自内心地珍视自己
- 也能够珍视对方
- 专注力强，一旦决定便会一心一意地完成

- 相比失败的经历，更倾向于记住那些成功的经历
- 无论是正面的还是负面的自己，都能够予以包容和肯定

由此可见，提高自我肯定感之后你就会在工作、人际关系、恋爱、结婚和育儿方面让自己的人生发生巨大的转变。

三、培养敢于拒绝的勇气

我在做心理咨询时会很注重人际关系中的“I’m OK，You’re OK”（我很好，你也很好）这一心理状态。也就是说，你很在乎我，我也很在乎你。

在工作的时候，如果遇到上司强制要求自己加班的情况，自我肯定感低的人内心深处会觉得，“为什么非要安排我干活，明明有那么多同事闲着……”，但还是会装出一副笑脸说，“明白，保证在明天截止时间前写好材料”。但随后就会厌恶自己并感到自责，“今天必须得加班写材料了。本来还有约会的……只能跟人家道歉了……我受够了！”

那么这种情况就仅仅是“你很好”，而不是“我很好，你也很好”。

而如果是自我肯定感高的人遇到这样的问题，他们会说，“非常抱歉，今明两天光是手头上的工作就已经安排得满满的了，实在是抽不出身来。我看其他同事也不是很忙，要不您让他们帮一下忙？”这样的话既完整地表达了自己的情况和想法，也能婉拒上司的要求。

如此一来，有了其他同事的帮忙，工作也能顺利完成，这便是“我很好，你也很好”。

如果你已经变得能够应对这种情况，那就意味着你已经完全提高了自我肯定感。

实现有效沟通，重点在于使用“我的信息”，即说话时多用“我”为主语来表达感受。

有两种方法可以把自己的需求传达给对方，分别是“我的信息”和“你的信息”。

一般来说人们使用较多的是“你的信息”，但是这种方法可能会给对方传达反感的情绪。

比如上司对你说，“用 PPT 做一下演示文稿，然后写个摘要”。这一指令就是“你的信息”。

因为上面的句子没有主语，所以你可能会难以理解；那么如果把主语和谓语明确地表示出来，就变成了下面的命令句式：“你，做一下展示用的材料”。我们可以看出，这就是以“你”为主语的“你的信息”。

而这种情况下如果使用“我的信息”的话，就变成了“要是能帮我用 PPT 做一下展示用的材料的话，那我就轻松多了，很欣慰”。怎么样？这样一来，自己就不会有抵触情绪，心里还会想：“要是能让上司高兴的话，我当然要好好干”。

“我的信息”的关键就在于，把主语替换为“我”，即富有感情地向对方传达“我要是能得到你的帮助的话会很高兴”这一信息。

四、无论遇到什么挫折，都不要放弃

试想一下，自我肯定感不断提升的状态，就像是树木将根扎得越来越深一样。

又长又粗的树根在地下伸展开来，无论风雨皆屹立不倒。

树根扎得越深，树干越粗壮，叶片越宽大，果实越丰厚。

即便是被狂风暴雨侵袭，自己也有足够的力量去抵御。这里所说的狂风暴雨，就是人际交往中的种种变故。

而自我肯定感低的人则恰恰相反。树根又细又短，扎根又浅，树干纤细，叶片小得可怜。这样的树也结不出果实。如果面对狂风暴雨的侵袭，还可能会“啪”地折断。即便没有狂风暴雨，也可能因为自身羸弱，而引发自体中毒症，导致根部腐烂，自身枯萎。

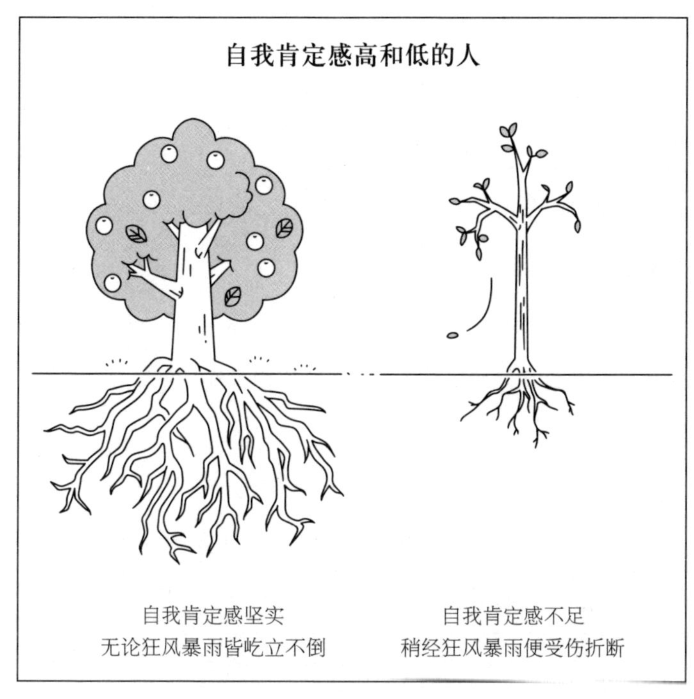

图 2–1

但是请放心，这棵树无论何时都是可以重新培育起来的。

你应该也知道，把贫瘠的土壤改良为肥沃的土壤，给予充足的水分，让其充分沐浴阳光的话，是可以让植物茁壮成长的。自我肯定感也是如此。

自我肯定感是完全可以后天培养的。

自我肯定感测试表

下面有 10 个问题，如果符合自己的情况，请在空白栏处打钩。

1	情绪低落，和别人比起来总觉得自己的人生平凡又无趣	
2	自己没有任何可取之处，以后肯定也没法获得幸福	
3	一旦被人有事相求也不好拒绝，只能自己默默承受	
4	无法喜欢上自己	
5	就算心里有想做的事情，也始终无法完成	
6	不敢去麻烦别人，总是自己包揽一切	
7	非常在意社交平台的点赞数量	
8	总是说负面的话	
9	能找出一大堆讨厌自己的地方，却找不出喜欢自己的地方	
10	为了不显眼总是打扮得很朴素，挑选衣服也犹豫不决	

五、你的自我肯定感如何？

请看上一页的表格，用它来测试一下你的自我肯定感。与自身情况相符的请打钩。

怎么样？如果打钩的数量超过 8 个的话，那就说明你的自我肯定感比较低。如果在 3 个以内的话，说明你的自我肯定感比较高。

不过，即便是超过 8 个你也不用气馁。

因为之前也说过，从现在开始提高自我肯定感也完全来得及。尝试一下用第四章的 3 个步骤和第五章的 17 个小窍门来提高自我肯定感吧。

六、改变信念，是改变消极情绪的关键

为什么你的自我肯定感低呢？其罪魁祸首正是在形成自我肯定感的过程中所产生的执念。

比如说，小时候看到一只狗很可爱，可是正打算摸摸它的时候却被咬了一口。从此，“狗很可怕！”这一执念便印在了脑海里。

另外，还有这样的例子。上小学的时候，老师让自己站在大家的面前读课文。

自己的读法有时候有些奇怪，因而招致了班里同学的嘲笑，自己对此感到很羞耻。受这次经历的影响，自己变成了一个消极的人，在别人面前做什么都笨手笨脚，还会因害羞而面红耳赤。

我们也可以把这里的“执念”称为“信念”。

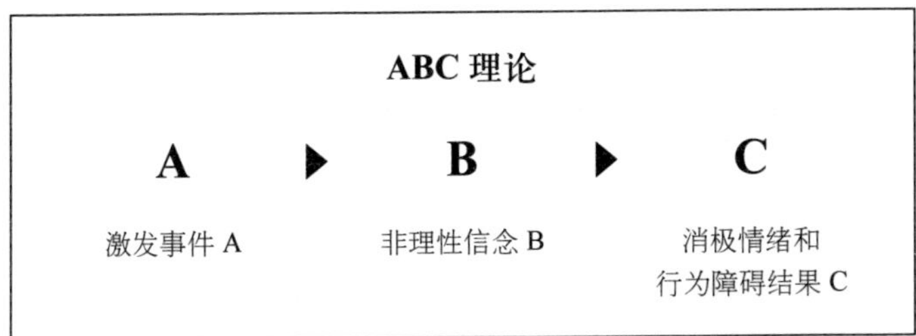

图 2-2

对于这一内容，我用心理学家、理性情绪疗法的创始人阿尔伯特·艾利斯（Albert Ellis）博士提出的 ABC 理论就可以简单地解释清楚。

如图中流程所示，激发事件 A 会间接引发消极情绪和行为障碍结果 C。

而非理性信念 B 会直接引发消极情绪和行为障碍结果 C。即使是相同的事件，如果信念（执念）不同的话，其引发的结果也是不同的。详情请看下一篇的举例。

七、信念不同的人，人生也不同

举个例子，两名同事在等电车，目的地是同一家公司。碰巧车站里响起了广播，说电车的电气系统出了故障，要晚一个小时才能到。

同事 J：“喂！搞什么啊！大清早就这么倒霉。给讨厌的上司打电话也够烦的了。不早点到公司的话今天的工作又完不成了。没办法只能打了个电话，可是坐出租车又太浪费（公司不给报销路费），只能等电车修好了。偏偏这么多人拥挤不堪，大清早就遭这份罪，烦死了。”

同事 K：“唉，没办法啊。电车终归是机器，哪有不出故障的，其实也没必要急着打出租车去公司……不过今天挺走运，只要在附近的咖啡厅里把今天上午要准备的材料做好就行了。这样也省了不少时间。”

这两个人的“情绪差异”是从哪里来的呢？

- 两个人在等同一辆电车
- 电车要晚点一个小时

两个人遭遇到同样的激发事件。而两人的不同之处在于，图 2–2 中 B 的“信念（执念）”。同事 J 觉得自己很倒霉，同事 K 却觉得自己很走运，两个人的想法完全相反，也做出了“完全不同的举动”。可以看出，自我肯定感低下会引发负面情绪及行为。

如果改变图 2–2 中信念（B）的部分，其结果（C）也会有相应的改变。

八、“执念”是可以轻松放下的

到现在为止你已经读了这么多事例，是否也想尝试一下提高自我肯定感，但是却又担心到底能不能改掉长久以来的执念呢。

尽管放心。“执念”随时都可以“改变”。

无论多少岁，无论何时，你都可以通过心理训练来提高自我肯定感。

与体育项目的不同之处在于，提高自我肯定感并不需要从小就进行高强度的训练，不需要长期积累。

无论聪明与否，无论学历高低。

提高自我肯定感这件事，只要你想去做，就一定能做到。

既然你已经拿起了这本书，那就说明在你心里已经有了“我的自我肯定感可能有点低”这一问题意识了。

所以说，既然你已经拿起这本书，就足以证明你在提高自我肯定感方面已经有着强烈的动机了。

要想学会如何提高自我肯定感，首先要知道如何放下执念。

重点在于，让那些在以往的经历中所形成的执念（偏见、成见）回到空档的状态。

因为人这种生物，一旦执念太强，就会不由自主地陷入其中。

我们让执念回到空档状态后，便可以对其进行改写。

比如在开车的时候，我们只要给空档的汽车挂上挡，就可以前进或倒车。因此让自己处于像这样平静的状态是非常重要的。

换句话说，就是让自己更加灵活。

为此，首先要注意到你心中的执念，然后用脑科学和心理学的力量对其进行改写。

这就是用来提高自我肯定感的心理训练方式。

第三章

如何立竿见影地提高自我肯定感

一、构建积极的神经回路

很多人会抱有这样的疑问：“使用脑科学提高自我肯定感是一个什么样的过程？”那我就来具体解释一下。

在成人的大脑当中，有 860 亿个神经元。

我们在思考的时候，大脑当中的神经元会各自伸出触手，尝试相互联结起来。

神经元拥有轴突和树突两种凸起，并通过电信号来实现神经元之间的信息传递。通过轴突传递的电信号，会被传递给下一个神经元的树突。轴突与树突相连的部分被称为突触。

也就是说，神经元通过突触互相联结，在大脑当中形成了一张巨大的神经网络。

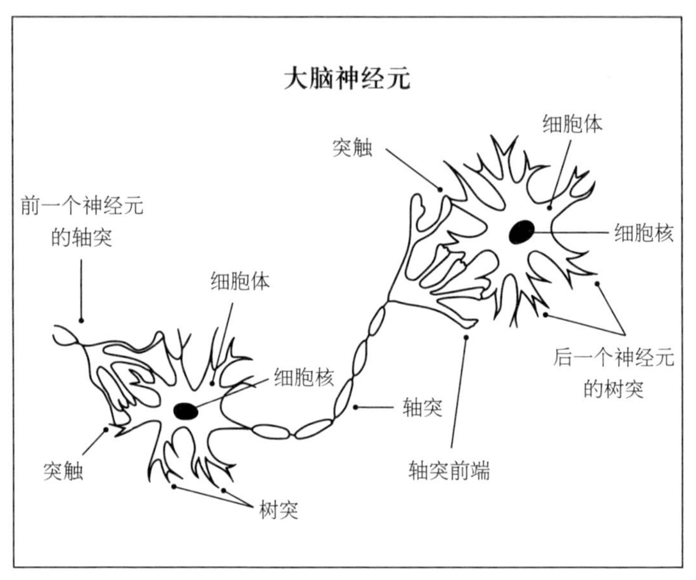

图 3–1

现代神经科学代表人物埃里克 · 坎德尔（Eric Kandel）教授从科学的角度证明，记忆是以突触联结的方式来存储的，并且大脑当中既有积极的神经回路也有消极的神经回路，而且这些回路可以自行增多。

这一发现为更有效地治疗焦虑开辟了新思路，埃里克·坎德尔本人也因此获得了2000年诺贝尔生理学或医学奖。

此外德国知名畅销书《优质思考的力量》中曾有这样的表述："消极的思路、持续的压力以及精神疲劳会引起负面的情绪，改变大脑的结构"。

克劳斯·伯恩哈特身为柏林著名的临床心理专家，他在为患者治疗惊恐症的时候，采用的就是脑科学疗法。

因为我只是一名心理咨询师，并不是脑科学方面的专家，所以我在本书中只能简明扼要地阐述一下思维是如何改变大脑生理结构的。

二、为大脑重新编程

事物经过思维的塑造后会形成记忆。

计算机会把数据存储在硬盘当中，而大脑呢？上文提到过，大脑当中有一张由神经元和突触组成的巨大的神经网络，人的记忆则被储存在这些突触联结当中。

在我们思考的那一瞬间，神经元之间就会建立新的联结。

“无论是正面还是负面的想法，在它产生时伴随的情感越强烈，其神经突触联结便越强大。因此，经常产生负面想法就好比是在铺设一条通往糟糕的自我感觉和恐慌感的高速公路。而快乐与轻松的感觉则成为一条羊肠小道。”（出自《优质思考的力量》）

由于在我们思考时大脑中会不断产生新的神经元联结，因此当某种想法反复出现时，相应的突触联结会越来越强大，反之，出现频率不高的想法，其神经元联结会逐渐衰退。

无论是积极还是消极的想法，只要经过无数次重复，大脑都会形成相应的自动反应模式。

当这一系列的自动反应定型之后，有一天你的大脑将不再受你操控，而是反过来操控你。

比如说，惊恐症患者的苦恼之一就是担心自己再次经历惊恐发作时的可怕情景。这种不安的预感会在数日内彻底变成自动的脑回路，以突触联结的方式在大脑深处扎下根来。

只要稍微掌握一些使大脑重新朝着正确方向运转的技巧，就能够自动开启重组大脑的程序。

要有意识地、又快又多地构建那些存储积极情绪的突触联结。

一旦这些突触联结足够多，大脑就会开始与新的信息相连。通过形成这种新的自动化流程，你就可以清晰地感受到情绪上的差异。

现如今，以脑科学研究的最新视角为基础的特殊心理训练方法已经问世，据称能够将上述过程的实现速度提高数倍。

克劳斯·伯恩哈特的团队所诊治的患者当中，有 82% 的人经过 6 至 12 周后恐慌感基本消失，成功摆脱惊恐发作。

感谢埃里克·坎德尔教授等诸多顶尖科学家们的贡献，让我们知道大脑是不断变化的。

我们的大脑会根据不同的使用场景产生相应的变化。大脑的这种能力被称为“神经可塑性”。

而现在你可以借助最新的脑科学训练方法，令大量神经细胞同时释放积极的信号，这些神经细胞通过突触联结在一起，会在你的头脑中形成新的正面想法的数据高速公路。

这个数据高速公路网越强大，就会有越来越多的积极想法进入脑海，而焦虑恐惧的想法则会越来越少。

在本书中，我将会运用大脑神经可塑性原理，来帮助你提高自我肯定感。

三、锻炼大脑肌肉

肌肉越用越发达，越不用越退化。突触也是同理。

存储焦虑恐惧的突触随着使用的减少会逐步退化，相反，如果一直抱有负面情绪，相关的突触就会越来越多，越来越强。

滨松医科大学名誉教授高田明和先生在《大脑的结构与治愈方法——如何在高压社会中生存下去》一书中举了一个 6 岁孩子的例子，借此说明即使失去了视觉和听觉，也有恢复的可能。

这个孩子做过心脏手术，这个手术让他的大脑功能大范围受损——不仅造成手脚麻痹，还造成了双目失明，双耳失聪，以及语言功能的丧失。

由于孩子的大脑受到了重度损伤，父母都很悲痛，但他们还是想方设法对孩子进行康复训练，以期早日康复。

进行康复训练后，孩子的手脚逐渐可以活动了，眼睛开始看得见了，语言功能也恢复了正常。在数年后也完全看不到孩子有任何后遗症。

高田教授在书中称其为“大脑可塑性的功劳”。

我们经常能够看到，那些因脑梗死而丧失语言功能的人们通过拼命做康复训练后，基本上能够实现无障碍交流。

高田教授表示，其原因之一是死亡的脑细胞旁长出了新的细胞，这些细胞让他们恢复了功能；但也可能有另一方面的原因，即剩余的细胞增加了突触的数量，完美填补了功能空缺。

大脑的可塑性竟如此强大，足以使人的生理功能得到恢复。

四、利用突触的可塑性

脑科学领域的权威级作品《突触自我》(*Synaptic Self*)的作者、纽约大学神经科学中心的约瑟夫·勒杜(Joseph LeDoux)教授曾表示:“我认为,要想揭开我们自身的奥秘,就要从突触着手。”

他表示,我们大脑当中有数十亿个神经元复杂地联结在一起,因此突触对我们的所有行为、想法和情绪都起着决定性作用。

约瑟夫·勒杜教授在《情绪大脑》(*The Emotional Brain*)一书中提到,就连人格也是可以通过突触的可塑性来修复的。

这句话指的是通过将突触织成一张良好的神经网络，来改变记忆、想法及行动等要素，这和克劳斯 · 伯恩哈特教授所提出的“把对惊恐症的焦虑替换为良好的记忆”这一观点如出一辙。

据说克劳斯 · 伯恩哈特教授的患者当中，有七成以上仅通过 6 次治疗就痊愈了。而这正是运用突触的可塑性所获得的成果。

可以说提高自我肯定感也是同样的原理。

只要能使大脑当中形成新的正面突触，想法就会形成正面的回路，因此即便不使用心理学方面的手段，也可以随时提高自我肯定感。

约瑟夫 · 勒杜教授在《突触自我》一书中，对“自我”进行了如下说明：

- 突触是弄清大脑诸多功能原理的关键，因此它也是弄清“自我”的关键。

- 对于什么是人格，我的想法很简单。你的自我，也就是使你成为你自己的事物，反映了你的大脑中神经元相互联结的模式。

- 鉴于突触传递在大脑功能中的重要性，我们甚至可以说没有突触就没有自我。

- 大脑中的突触结构会对心理和行为产生影响。因此要想了解一个人，关键就在于掌握其大脑中特有的突触联结模式以及被储存在突触联结中的信息。

通过约瑟夫·勒杜教授的阐述，我们可以得知，大脑突触的可塑性已经强大到“连人格都可以重新塑造”。

五、建立强大的神经网络

现如今，心理学著作中介绍过各种提高自我肯定感的方法。

在这些心理学著作中，作者大部分采用的方法是让来访者直视自己小时候经历过的精神创伤，通过再次经历这种精神创伤，让患者摆脱困扰。

比如，让来访者回想当初受到精神创伤的场景。让他们持续数小时描述当时的痛苦经历，并让他们吐露那段经历中潜在的痛苦感受（当时没有感觉到的悲伤、恐惧、不安、怒火、愤慨、羞耻等），以此让患者摆脱困扰。

这样的心理咨询要持续半年或一年之久。

也不是说这种方式不好，只是花费的时间过长。而且也几乎没有改变神经网络的结构。

而我所使用的“弥永式”催眠疗法正是促进大脑可塑性朝着积极的方向转变的方法之一。通过向大脑注入积极的暗示，激发神经元的可塑性，来提高自我肯定感。

在本书的技巧中，最重要的是构建新的神经元联结。

提高自我肯定感的方法就是运用积极的神经元联结在大脑中构建新的神经网络。

得益于根据脑科学研究最新成果所开发的技术，我们能够以前所未有的速度对大脑的程序进行重组。

读过克劳斯 · 伯恩哈特教授的著作之后，我发现运用大脑可塑性的原理不仅能治疗惊恐症，也能提高自我肯定感。不过我和克劳斯 · 伯恩哈特教授的方法并不一样，我还运用了后文会提到的大卫 · 汉密尔顿（David Hamilton）博士的研究成果，将脑科学和心理学融合起来发挥出更大的作用。

在此，向为我提供指引的大卫·汉密尔顿博士、克劳斯·伯恩哈特教授以及埃里克·坎德尔教授表示感谢。

六、积极的语言会带来“超能力”

“不行、勉强、办不到、累死人、难受”都是消极词汇。而与之相对，“没关系、总能行、精神、开心、舒畅、激动不已、了不起、心情超级棒”这些都是积极词汇。

我经常在讲演会、研讨会甚至是心理咨询等场景下让大家体会积极词汇的力量。我来介绍一下。

两个人一组。

A 负责说话（体会语言的影响）

B 在 A 发言之后，将手腕下压以进行确认。

A 将惯用手向前伸出，手腕平行于地面。

B 将自己的手放在对方伸出的手腕上。

接下来A说“没关系、总能行”“开心、幸福！”等积极词汇。

在手腕上用点力（保证B向下压的时候A的手腕不会动）。

A说完积极词汇后，B立即轻轻用力，将A伸出的手腕向下压。

之后A给自己伸出的手腕用点力就能继续保持与地面平行。

接下来，A试着说“勉强、办不到”等消极词汇。

像之前一样，B把自己的手放在A的手腕上并向下压。

怎么样？发现区别了吗？

我想，在说消极词汇的时候，手腕是没有力量支撑的，会向下坠。

积极词汇的力量

图 3–2

这就证明，我们在大脑中对自己说的话，是会立刻对身体产生影响的。通过对自己使用积极词汇，大脑的构造会发生变化，对情绪也会产生影响。接下来我详细说明一下。

七、积极的意象能重组神经回路

我们知道，语言能够给我们的大脑带来巨大的影响。

通过说积极的话，我们就能让大脑中形成与幸福感、满足感相关的神经回路。

大脑中的杏仁核是负责控制情绪的，而通过上述方法，我们甚至可以抑制住杏仁核的过度反应，防止消极的记忆在大脑中留存，进而让自己浑身都充满安心感、喜悦感和满足感。

就是说，通过想积极的事，说积极的话，我们就可以让大脑的神经回路去思考光明的未来、幸福的人生。

为大脑注入积极的语言十分有效，足以证明“自我肯定”给大脑带来的正面影响。

除了自我肯定之外，保持直观的意象也可以促使大脑可塑性朝着积极的方向转化。

大卫·汉密尔顿博士是英国苏格兰的著名有机化学博士，曾在杂志读者投票中当选为身心健康领域的最优秀作家。他的著作中处处都有科学依据，令人叹为观止。

其中《善意的5个副作用》(*The Five Side Effects of Kindness*)一书在日本十分有名。他目前出版了9本书，在《你的大脑是如何治愈你的身体的》（*How You Mind Can Heal Your Body*）一书中，他写道，“通过使数量巨大的脑神经细胞焕然一新，重获生机，病情和心理状态就能得到改善”。

大卫·汉密尔顿博士运用可视化（即想象力）进行了大量研究，这本书里也列举了普通人运用可视化的力量治好了大到癌症、小到纤维肌痛症等自身免疫疾病方面的疑难杂症的事例。

对于如何将自己的良好状态可视化，博士有过如下表述。

“所有的思考都会引起大脑活动的变化。思考会在大脑中留下物理痕迹。这和我们在海边的沙滩上留下脚印是一个道理。”

八、重复积极的语言，就能取得治愈效果

已故世界著名心理治疗专家露易丝·海（Louise Hay）女士是可视化的开拓者，她曾用自己的力量摆脱了癌症，并创办了健康与心理学领域的大型出版社 Hay House。

另外，大卫·汉密尔顿博士的著作也是由 Hay House 出版社出版的。

露易丝·海女士经历过职场失意、离婚、疾病，在度过了一段艰苦的日子后，她意识到自我肯定感的重要性，并将其作为自我保健的方式。她在医生的指导下，努力改变自己的思维，最终不仅摆脱了癌症，还出版了许多使人过上更好生活的自我保健类著作。

在日本，可以看到露易丝 · 海女士的《心的重建》（*You Can Heal Your Heart*）和《生命的重建》（*You Can Heal Your Life*）等著作。

“肯定”疗法通过重复积极的语句与表达，就能取得治愈效果。

有一部电影叫作《自然法则：吸引定律》（*The Secret*）。电影中有一位女性战胜了乳腺癌。而她的治愈方法就是每天对自己说：“谢谢你治好了我”。

九、一起重组大脑吧

上述的可视化与肯定为何会有如此惊人的效果?

其实用本章开头所述的“神经可塑性”就可以解释。

在你思考的时候，大脑神经元会伸出触手相互联结起来。这种神经联结是由你的想法及语言、意象所产生的，并且你越重复相同的想法与经历，神经联结就会越牢固。

大卫·汉密尔顿博士在其著作中写道:“通过可视化可以改变大脑的细微构造”“‘肯定’也有同样的功能”。这就是使内心焕然一新的方法。

想法和语言可以通过强化大脑内部的突触联结来改变神经的模式。

由于自我肯定感低的人经常会抱着负面的想法并总说“我不行”“怎么也做不好”，因此这类存储负面想法的脑神经回路就会愈发膨胀。

我的心理疗法的特点就是，对大脑、潜意识、基因及身体这四个层面同时进行治疗。

其中大脑层面的治疗方法就是，利用神经可塑性在大脑中构建全新的积极回路，并强化神经联结，以此来提高自我肯定感。

通过减少负面想法相关的神经回路，构建全新的积极的神经回路，来让“自我信赖”在大脑中扎根。

这一方法的独特之处就在于可视化与自我肯定，我也将其作为技法之一写入了本书中。

当你把本书中的技巧变成自己的习惯之后，你的大脑中就会建立积极的神经回路，并不断扩大，你也就能让自己的日常言行变得更加积极。

这样一来，你便能走上螺旋式上升的道路，用脑科学的方法来提高自我肯定感。

在本书中，我会运用脑科学和心理学，像安装计算机程序一样在你的大脑与内心中植入良性循环。

第四章

让内心焕然一新的实战技巧

一、改变思维模式的第 1 步——发现自己没有意识到的执念

首先，写出让你感到苦恼的对象、场面和状况。

例 A　我是个胆小鬼，总是战战兢兢，没有自信

例 B　他根本不在乎我

接下来结合你刚才写的内容，回答以下问题。

问题 1　“真的像你写的那样吗”（是／不是）

是→跳转到问题 2　不是→跳转到问题 3

问题 2　“你能断言绝对是你写的那样吗”

（一天 24 小时里，哪怕只有一瞬间觉得不是那就回答“否”）

问题 3 “当你这么觉得的时候，你有什么反应吗”

（想法、情绪、反应、行为等）

问题 4 “如果没有这样的想法，你会怎样呢？”

通过回答以上 4 个问题，你就能发现自己之前没有注意到的执念。

我用上文提到的 A 和 B 的例子来说明一下。

对于问题 1——“真的像你写的那样吗”，因为在自己的意识中，自己是真的这样认为的，所以大概会转向问题 2——“你能断言绝对是你写的那样吗”。

多半人都会在此处觉察到，“啊！并非 24 小时都这样”。比如会注意到下面两个例子。

例 A　在家用手机玩对战游戏的时候，并没有战战兢兢。

例 B　虽然我觉得他最近对我很冷淡，不过每天早上他都会给我发消息。

对于问题 3 的“当你这么觉得的时候，你有什么反应吗”，则可能会像下面这么想。

例 A　我总是感到不安。不过也并非一天 24 小时一直战战兢兢。

例 B　总是感到怀疑，心里苦闷。不过仔细一想，他明明工作也很忙，却还是每天早上给我发消息，挺不容易的。

问题 4　是“如果没有这样的想法，你会怎样呢？”。

例 A　有时候也并没有战战兢兢，在职场还是能够大大方方地向上司和客户展现自己。

例 B　想向他表达我的感激之情。真的很感谢他一直挂念着我。

就像这样，意识会产生变化。

通过 4 个提问，只需一句话，你就能意识到自己的执念。通过自问和反省“真的是这样吗？”，你就能发现漏网之鱼。

这样一来你就可以从执念中解脱出来。

所谓执念，即“偏见和固有观念”。

当我们发现这些偏见或固有观念，找出其中的漏网之鱼，并消除这些偏见的时候，我们会变得更自由！以上的 4 个提问便能解决所有问题。

这是魔法般的提问，会让你认识到全新的自己。

这样你就可以把偏离方向的思维方式矫正到空挡的状态。

为什么必须要让自己处于空挡状态呢？

据说人每天会不由自主地产生 6 万次之多的负面想法。进一步来讲，大众媒体所播报的新闻中有九成是事故、犯罪、骚乱、绯闻等负面信息。

至于说为什么要播报这类负面的信息，那是因为他们知道人本来就是很容易被这种负面的信息牵着走的。

因为人很容易就这样陷入负面的想法当中，所以如果心态消极的话，就算是运用了第 2 步的改写自我印象的技巧，还是会被拖进负面的深渊。重要的是通过这 4 个提问，注意到自己的负面情绪，从负面想法中抽出身来，回到空挡的状态。

二、改变思维模式的第 2 步——使负面的执念向正面转化

我在第三章曾为大家介绍过，“改写自我印象”使用的是可视化这一方法。

通过这一方法，将大脑中的神经联结由消极回路替换为积极回路，并将其强化扩充。此外潜意识也是可以改写的，这就是所谓的脑科学方法。使用这一技巧就能将原有的执念改写为积极的执念。

改写自我印象的方法

1. 闭上眼睛，想象一下你坐在电影院的观影席上，看着眼前的巨大银幕。

2. 屏幕上正放着电影，内容就是第 1 步的问题 1——“首先，写出让你感到苦恼的对象、场面和状况”中你所写下的答案。

3. 用电视遥控器把你自言自语的负面的话和对方说的令你讨厌的话都调至静音。

现在你什么都听不到了。

4. 想象一下银幕的右下方浮现出一段视频，内容是你想要实现的事情，或者是你在前面的第 1 步中的问题 4（即“如果没有这样的想法，你会怎样呢？”）所产生的感激之情，以及你想从此改变的全新的未来的自己。

5. 喊一声“切换！！！”，用右下方的视频 B 替换掉过去的消极的视频 A。

用在电脑上拖动文件的方式，用鼠标选中 B，并将其移动到 A 的位置，将 B 全屏播放。播放视频，用五感（视觉、听觉、触觉、味觉、嗅觉）清晰地感受这种美好的心情。

三、改变思维模式的第 3 步——用“未来时光机”强化正面想法

在之前的步骤中，你已经将你的大脑神经回路和潜意识都替换成了积极的事物。在这种状态下，你要乘坐未来时光机，将神经回路进一步强化。

未来时光机的使用方法

①首先，回想一下在之前的技巧中未来的自己变得更积极的视频。

②你正乘坐着时光机。

时光机缓缓升起，朝着未来进发。

③飞行了一阵之后就到达了问题已经得以解决的场景。

在那里你感觉心情怎么样？

你真切地感受到了怎样的自己？

周围的环境怎么样？

有人对你说了什么吗？

在心中描绘一下未来的自己，让他出现吧。

④现在你已经知道了未来的自己是如何解决这一问题的了。

去探访一下未来的自己吧。

他给了你什么建议？

不要着急，花点时间慢慢地问。可能有些答案没有办法用语言来形容，那至少让他给你一些线索。突然之间，或许你的大脑中会浮现出一些话，或许你会看到某些重要的东西。

⑤感受一下未来的你和现在的你温情相拥，融为一体的感觉。从中获取力量吧。

⑥如果他给了你建议和线索，记得对他说声“谢谢你，从今往后也请一直守护着我”，然后与他告别，乘坐时光机回到现在。

⑦他给你的建议，会成为对你来说最有力的肯定。如果他没有对你说什么话，那印象和感觉（温暖、体贴）也是可以的。

多次尝试之后，你就能得到建议，因此请不要放弃乘坐时光机与未来的你见面聊天。

⑧花上片刻时间，慢慢地朗诵你所得到的肯定。（如果没有收到的话，那么感受一下对方给你的感觉与印象也是十分有效的）

结合你不断念诵的肯定，以及回想起的印象，看一下第68页神经元之间联结的图，在大脑中想象一下神经联结起来的场景。

运用这一技巧，你就能发觉到自己的执念，大脑的神经联结和无意识会产生变化，你的大脑会转向积极的思考方式。你的自我肯定感会不断提高，日常生活也会发生变化。

第五章

提高自我肯定感的 17 种技巧

一、蝴蝶拥抱疗法——有效消除焦虑

蝶式接触疗法是美国心理学会及世界卫生组织所认可的治疗精神创伤的有效方法。

有数据显示，蝴蝶拥抱疗法曾被用于1985年墨西哥大地震和1988年飓风灾害期间的灾后护理，在治疗灾民的精神创伤方面取得了成效。借此机会，蝴蝶拥抱传播到了美国和欧洲。

这一方法的原理是通过修复左右脑之间的平衡来消除精神创伤。

所谓精神创伤，其成因是右脑让情绪失控，而能够抑制情绪失控的左脑却发挥不出它的功能。

法教给大家正是为了帮助大家消除日常生活中的焦虑。

图 5–1

这一方法非常有效，不管大人还是小孩都可以简单运用。因为自我肯定感低的人很容易感到焦虑，而我把这种方法教给大家正是为了帮助大家消除日常生活中的焦虑。

目前在日本还没什么人知道这种方法，但是我希望那些因自我肯定感低下而挣扎于焦虑和害怕的人们，一定要学会这一方法。

如图 5–3 所示，将大拇指交叉、双手重叠，看起来就像一只蝴蝶。这也是蝴蝶拥抱疗法名字的由来。

当你想消除焦虑的时候和当你想获得安全感的时候，拍打的方式是不一样的。

1. 想消除焦虑的时候→快速地咚咚拍打（强烈触碰）

2. 想获得安全感的时候→缓慢地咚咚拍打（温柔触碰）

蝴蝶拥抱疗法的操作方法

① 聚焦于想要消除的负面情绪或印象

②两只手臂交叉成十字放在胸前，两只手掌有节奏地轮流拍打肩部大约 20 秒（不要同时拍打）。

③左右脑之间取得良好的平衡，精神创伤随之消除。

④深呼吸。

⑤将①～④重复数次。

⑥感受一下自己的情绪发生了什么变化，是不是变快乐了。

图 5–2

至于拍打的部位，有人觉得胸口比较舒服，也有人觉得肘关节、肩胛骨、膝盖等部位比较舒服。

将双手在大拇指处交叉，拍打前胸也可以起到消除负面情绪并带来快乐的效果。

图 5–3 介绍了胸口和肩部两个部位。尝试找到适合自己的部位吧。

闭不闭眼均可。

推荐一边在大脑中浮现美好的印象或看着精致的照片，一边进行拍打。

在睡觉之前舒缓地咚咚拍打一会，会让自己更有安全感，入睡也会更深。

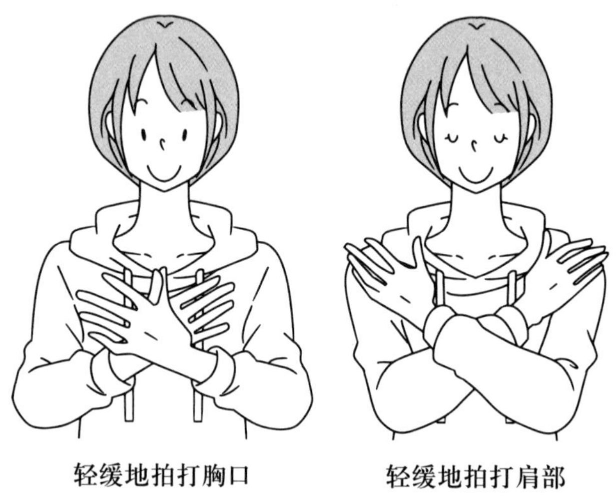

图 5-3

二、情绪释放疗法——消除精神创伤

市面上出现了很多能够在一定程度上消除心理不适的尖端疗法。EFT（Emotional Freedom Technique）就是其中之一。

有假说认为，存在于内心深处潜意识中的“焦虑、愤怒、悲伤、恐惧等负能量”会拖累我们的身体，进而引发疾病。而 EFT 就是根据这一假说发展而来的最新疗法。

这一方法在地震以及恐怖袭击后的心理疏导中取得了一定效果，同时也应用于美国退役军人的 PTSD（创伤后应激障碍）治疗当中。

此外英国查尔斯王子的妻子卡米拉夫人以及我喜欢的电影《修女也疯狂》(*Sister Act*)的女主演乌比·戈德堡(Whoopi Goldberg)都用 EFT 疗法治好了飞机恐惧症。

情绪释放疗法的操作方法

① 努力回想自己感到焦虑、恐惧与悲伤的场景。

用 0 ~ 10 之间的数字给当时的情绪做个评估。情绪越痛苦，数值越大。感到最痛苦的情况请打 10，丝毫没有感觉请打 0。

② 接下来，我们要找到后溪穴的位置。把手握成拳，你会看到手掌上有一条横纹直接到达手掌与手背的交界处，这条横纹的尽头便是后溪穴。

并拢双手，用两只手的后溪穴互相轻轻敲击 15 次。

图 5–4

③见图 5–5。用食指和中指，从 A 头顶到 H 腋下 10 厘米处，按顺序将每个部位轻轻敲击 5 次。左右手都可以（用一只手）。

B 眉头和 C 外眼角、D 下眼皮、G 锁骨附近、H 腋下这些部位，不需要两侧都进行敲击，选择一侧即可。

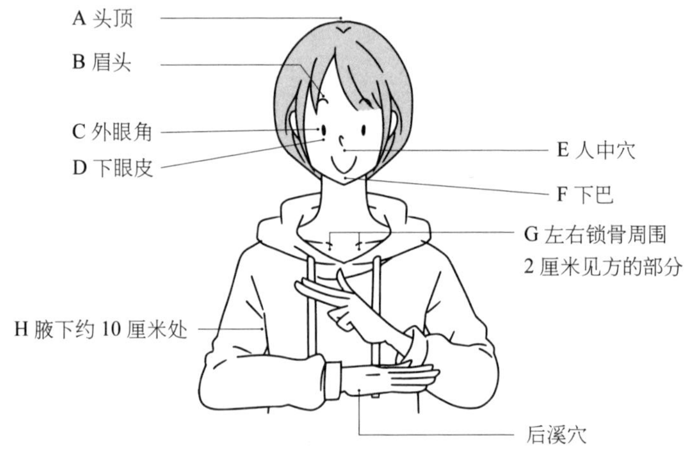

图 5–5

④将③再重复一次。

⑤深呼吸，喝点矿泉水。

⑥将①中打分的情绪项目重新打分。

分数应该比之前低了吧。如果没有出现任何变化，那就从①开始从头再来一次。

图 5–6

这一方法在消除精神创伤方面非常有效，老实说，我都数不过来在惊恐症发作的时候被这一方法救过多少回了。

只要记住敲击的点位，操作起来就简单多了，因此心情不好的时候就试试反复练习吧。同时这一方法还能够修复紊乱的自主神经。

这一方法较为耗费精力，因此需要给身体补充水分。推荐在做完练习后慢饮 500ml 瓶装矿泉水。

三、身体感觉法——放下愤怒和悲伤

自我肯定感低的话就会不敢表达自己的想法，只能压抑着自己把愤怒和悲伤默默地咽下去，会变得非常痛苦。这时候做情绪释放就会非常有效。

我要介绍的就是利用身体的感觉来释放情绪的技巧。

情绪释放的操作方法

需要准备的东西：靠垫（或抱枕）和一支笔

待在一个安静不被人打扰的地方

①找到自己想要放下的情绪之后，抱紧靠垫或抱枕，对自己说："这种情绪是我自己产生的"。

那些涌现出的情绪与想法，都是你自己所产生的。一边抱紧靠垫一边对自己这样说，用心去感受自己的情绪。

图 5–7

②问一下自己："是打算继续抱有这种情绪，还是打算放下？"

要是感觉到"想放下"，那就伸直双臂，将靠垫从身上拿开。想象一下自己一直以来所抱有的情绪也和靠垫一样被自己放下了。

这一技巧中也可以用笔来代替靠垫。要是“想放下这一情绪吗”这一问题回答“是”的话，那就在心里下定决心“我选择放下”，然后松开手，把笔扔到地上。如果一边做一边说的话效果会更好。

想象一下自己一直以来所抱有的情绪和笔一起被扔到了地上。

图 5–8

四、光线屏障法——保护敏感的你

一旦自我肯定感比较低，就会对于对方的言行乃至微小的举止都过于敏感，进而给自己造成伤害。

对于这种情况有一个非常有效的方法，就是用光线屏障来保护自己。

做法很简单。

光线屏障法的操作方法

①在上班或者去见别人、去人多的地方之前进行这一操作。

②闭上眼睛，想象一下金色的光。

③想象一下自己的身体被那金色的光团包围，自己正进入那金色的光团之中。

④请坚信，只要自己还在这个金色的能量球里，不管有多大的伤害，都会被挡在外面。

⑤对自己说：“我现在是安全的！”“任何负面的语言都别想进到能量球里面来！”

这种光线屏障法不仅操作简单，而且效果良好。

五、自我扩张法——产生绝对自信

自我肯定感低的人会对自己的言行没有自信。

就算有想说的话也说不出口，只能压抑着自己。回家之后又开始责怪自己为什么当时说不出口。

应对这种情况，有一种非常有效的方法，就是“自我扩张法”。

即通过让自己膨胀起来，让自己觉得其他人都变得渺小。

对于在做展示时说不出自己的想法的人，以及过于在乎恋人而被对方随意玩弄的人来说，这种增强自信的方法是十分有效的。

自我扩张的操作方法

①闭上眼睛想象一下自己的身体像奥特曼一样不断变大。人类形态的队员在变身成为奥特曼的时候，身体是不断变大的，对吧。想象一下那种场景。

②你变得比你所苦恼的上司与部下、家人与朋友、恋人都要大。

③你的身体如东京塔一般高大，在你脚下的那些人，他们的体量和你完全不在同一个级别，不管他们说什么你都听不到，所以就算他们伤害你，对你来说也是不痛不痒。（就像大象被蚂蚁咬了一口，毫无感觉）

充分感受着这份自信，同时慢慢睁开眼睛。

六、定心接地法——摆脱被人玩弄的感觉

自我肯定感低的人会受他人话语的影响，任人玩弄，导致自己筋疲力尽。

在每天清晨或开始工作之前，花些时间来认真地做这一练习，就可以让自己扎根于大地，拥有一颗“不动之心”，不随波逐流，也不会受他人言行的影响。

“定心”是指用一条竖轴线贯穿自己身体的中心。

“接地”是指让自己身体的重心稳定下来。

通过竖轴贯穿身体，让自己的重心稳定下来，从而大幅提高“内心的安稳度”。

进而我们就能扎根于所站的大地，这一安稳感丝毫不会动摇。

“定心”与“接地”的操作方法

放松地坐在椅子上，或者仰面躺在褥子、床、瑜伽垫上。

①全身用力，“哈——”地一下吐一口气，同时让全身的肌肉放松一下。将这一动作重复 4 次。

②向外扩张腹部，用腹式呼吸法吸一口气。

③接下来，像叼着吸管一样噘起嘴，一点点缓慢地把气呼出来（10 ～ 15 秒）。将② ～③的呼气法重复 20 次左右。

④接下来开始想象。

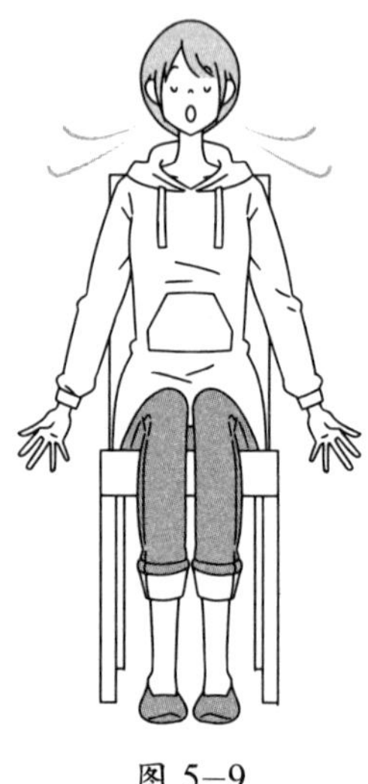

图 5–9

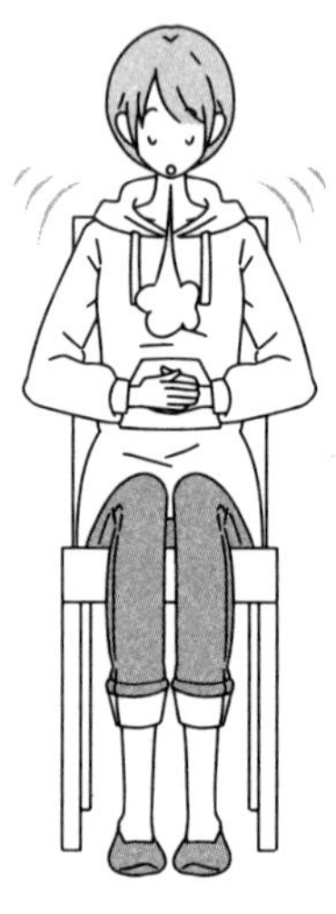

图 5–10

图 5–11

有两道分别为红色和蓝色的能量光束从你臀部的尾骨发出，伸向地心。在地上深深扎根吧。

⑤ 感受一下，此时此刻你已经和大地牢固地联结在了一起。

⑥ 将负面的情绪通过蓝色的光束传回大地（地心有高温的岩浆，负面的情绪会被烧得一干二净，不必担心）。

⑦ 现在想象一下大地的生命力正通过红色的能量光束不断流向你的身体，你的全身都被爱的能量所包裹着。

把手贴到心脏的位置，感受一下此刻的温暖。

你正感受着平静与安宁。

你心情十分愉悦，并且全身都有被爱的感觉。

七、停止比较法——从自卑的旋涡中挣脱

如果你怀有强烈的自卑感，那一定会很明显地表现出来，和别人一比较，就更加剧了自己的自卑感，因而很容易陷入消极的旋涡。

比如，你们从同级别大学毕业、成绩也差不多、职位层级也不相上下、还是在同一时期入职，但是他偏偏比你更早出人头地，和优秀的伴侣结了婚，年收入也比你高，这时你就会懊恼不已，垂头丧气，“我连个恋人都没有……”。

有一点你绝不能忘记，那就是与别人去比较正是你不幸的根源。狗不能变成猫，向日葵也不能变成樱花。

你肯定也有你自己的优点、个性与特点。好好打磨你那光彩照人的天份吧。

当你知道与他人比较这件事情弊大于利之后，你就会发现，就算社交网络上面有那么多人在炫耀自己充实的生活，或是发一些享受奢华生活的精致照片，也不必对自己感到失望。

停止与他人比较的方法

①一旦注意到自己正在和某个人比较，就在心中大喊“停下来！”，暂时制止住与他人比较的冲动。

② 不和任何人比较的话，你就能按照自己本来的样子幸福地生活下去。

决定不与他人比较之后，自己就能变得心平气和。

八、心声替换法——告别失落感

自我肯定感低的人会因为微不足道的小事失落不堪，会觉得自己不行，言行举止都会趋于消极。

此时替换内心声音这一方法就十分有效了。

如何替换内心的喃喃低语

① 想象一下自己焦虑、失落、内心苦闷的时候。你心里是否正在喃喃低语？

是不是正说着“我不行了”“我无论如何也……”“为什么又被批评了”“不行，我办不到”这样的话呢？

② 在那种场景下，说些什么才能让自己振作起来？

“没问题！”“我可以！”“必胜！”

③ 在心里不断向自己重复这些话之后，你就能使负面的心理状态变得积极向上，能够从内心的声音获得力量。

你可以平时就收集一些自己喜欢、能让自己振奋精神的话。

在网上或者在书里搜集那些曾克服困难的伟人们的名言警句，以备不时之需。

将内心的声音转化为力量，积极地开始新生活吧。

九、魔法口头禅法——将负面思维替换为正面思维

反正也做不好。

反正也根本没人期待。

反正我不行。

反正也不受人待见。

反正也赚不到钱。

自我否定的语言就这样自然地涌现出来。心理学称之为自动化思维。

当我们说“反正”这一词时，后面的语句就会变成既定事项，进而这一理所当然的认知就会在我们的大脑中定型。而我们可以将其反过来运用。

这就是所谓的“幸福口头禅公式”，可以自动地将负面的思维替换为正面的思维。

“魔法口头禅公式”的用法

这一公式就是“反正”+“积极的语句”。

① 在大脑中浮现出“反正”。

② 如果后面是消极语句的话，只需将其强制替换为积极表达。

③ 比如“反正也做不好”就变成了“反正也做得好”。

反正也备受期待。
反正我很厉害。
反正有人待见我。
反正也赚得到钱。

这样一来，因为“反正”一词需要有既定事项，所以其后面的词如果是积极的，那么其思维方式也就自然而然地被替换成了积极的思维方式。

来试一下吧。

十、镜子赞美疗法——提升个人形象

自我肯定感高的人被人赞美后会坦率地流露出喜悦之情，也会增强自信。

而自我肯定感低的人群中，有很多人还没有习惯被人赞美，还有的人记忆中就没有被人赞美过。那我们现在就从自我赞美、让自己坦率地接受赞美之词开始吧。

自我肯定感低的人会因为一些事情就对自己不断进行负面的鞭策，使自己陷入“自虐”的状态。我们称之为“自我鞭策综合征”。

而这种状态会逐渐降低个人形象，消磨自信。

谁是你最大的伙伴？

当然是你自己。要是连你都责备自己的话，那你就没有伙伴了。这种感觉挺痛苦的吧。那就尝试一下这个技巧吧。

“镜子赞美疗法”的操作方法

①面对着镜子，在自己的外表中找出一个让自己喜欢的部分。接下来，对着镜子中的自己，赞美你喜欢的部分。

最开始的时候也可以赞美外表以外的东西，比如身上的饰品。

你戴的戒指很漂亮！

你穿的连衣裙很合适，很可爱！

之后开始逐步赞美自己的身体当中你喜欢的部分。

图 5-12

嘴唇的形状很漂亮！

发型很时髦！

炯炯有神的目光，好帅！

笑容真好看！

图 5–13

通过这一训练，我们可以认识到，自己从前所否定的事物，实际上“根本没有那回事！”，从而提高被赞美时的自我接受程度。另外，出声赞美能让情绪更加高涨。

②接下来回想一下迄今为止自己被赞美过的经历以及成功的经历、被人肯定自己的存在价值的经历。再微小的事情都可以。然后开始表扬镜子中的自己。

图 5–14

小时候画画很好看被母亲表扬过。还得过奖。自己真的好棒。

通过自己的努力，在考试中得了很高的分数，好厉害。

在工作中有客户笑着对我说谢谢，我好开心。

老顾客说因为我在这里所以自己才经常来。我简直受宠若惊。

陪朋友聊天，听他倾诉，他对我表示了诚挚的谢意。好棒。

③对着镜子里的自己大声说："所以我活在这世上，是有很多人爱我的"。

比起别人去评价你的成果有无价值，更重要的是培养"因为我就是我，所以我才被人爱"这一感受。

在条件允许的情况下，我推荐将①～③的练习一口气做完。一旦中途停止，就又要从头开始激发自己的情绪，效果会大打折扣。

你就是你自己最大的伙伴。镜子里的你就是你的潜意识。被镜子所映射的你就是潜意识中的你。因此，我们可以利用镜子，在你的潜意识中植入积极的因素。无论何时都不要忘了这一点，运用这一技巧开始练习吧。

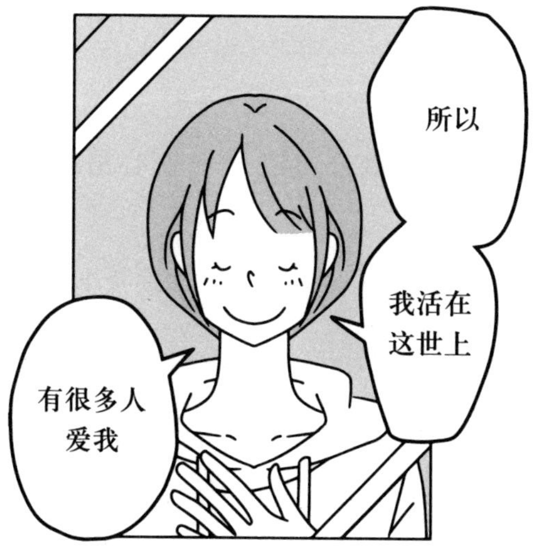

图 5–15

十一、人际烦恼分类法——使心情豁然开朗

我们的很多压力与烦恼都和人际关系有关。

上司不理解我。

孩子要是能稍微听话一点该多好……

男朋友的这些缺点要是能改掉该多好……

诸如此类，很多人一旦控制不了对方，就会感受到压力。

对于自己控制不了的事物，一喜一忧只会徒增疲惫。

只要将人际关系中的烦恼按照以下模式进行分类，就能使自己的心情豁然开朗，来试一下吧。

思维模式的分类

（1）可以通过自己的力量解决烦恼

（2）虽然不能自己解决，但是可以依靠他人的帮助来解决

（3）自己和他人都无法解决（准确来说是尝试之后无法解决的情况）

对于“男朋友的缺点让我很苦恼”“上司难以相处，无法认真沟通”等情况，首先试着用（1）或（2）来解决。

为了便于理解，我举个例子。

（1）可以通过自己的力量解决烦恼

和男朋友认真沟通。

向上司提议安排一些时间用来沟通。

诸如此类。如果自己能解决的话，那就积极地去思考、去行动。

(2) 虽然不能自己解决，但是可以依靠他人的帮助来解决

如果针对男朋友的缺点商量了多少次都无济于事的话，也可以尝试一下和朋友或心理咨询师等第三方进行商谈。上司难以相处的话，也可以向人事部门申请调换岗位。

(3) 自己和他人都无法解决

尝试过 (1) (2) 之后，我们会发现，果然很多人都有自己根深蒂固的价值观和处事方法，这是自己和他人无论如何也改变不了的。

思维模式的分类方法

①为了方便整理，我们需要把烦恼写在纸上，而不能单纯地在大脑中思考。(因为在大脑中思考的话，我们不知道有多少事情让我们感到烦恼)

②接下来核对一下自己的烦恼属于思维模式 3 个分类中的哪一类。

③对于①和②中的烦恼，想尽一切可以解决的办法，如果实行之后没能取得任何效果，也不要放弃，先把这件事情放下一段时间。

十二、向人求助法——放下身上的担子

很多人会自己包揽所有的任务。

这样的人可能是凡事都喜欢自行解决的类型，也可能是强烈认为“必须这样做”的类型。

“一个人无论何时都一如既往的强大，必须成为英雄”不过是不切实际的幻想。有些时候，我们需要培养一种请求他人帮助、与他人商谈、对他人说“麻烦帮个忙”的能力，这样我们就能够去保护自己以及我们所珍视的人。

在逼迫自己、一个人包揽所有任务导致自己痛苦不堪之前，先让自己稍微放松一下吧。

试着把柔弱的自己不加掩饰地展现出来。这样你就能形成不同以往的行为模式与思维模式，你的内心会更加快乐，更加自由。

因为很多人都不善于去请求别人帮助，所以一个人独处的时候，对自己说“帮我个忙”，你就能发现自己当时的心理活动，将自己因不敢寻求帮助而积压下的压力与烦恼吐露出来。

通过这种方法，你可以消除自己一个人包揽任务所带来的烦恼，让自己快乐起来。

如何对别人说“帮我个忙”

①在镜子前站立。

②选定你的求助对象，可以是身边的人，也可以是能实际帮助你的人、名人、理想中的人、自己尊敬的人。把镜子里的自己看作你的求助对象。

③“×××，麻烦帮我个忙”，像这样，喊出对方的名字，向他求助。

④就算情绪涌上来也不要压抑着自己，全部发泄出来吧。

十三、写信倾诉法——发泄难受的情绪

那些因自我肯定感低而痛苦着的人们，大多不善于将自己的烦恼传达给对方，或是很难主动寻求他人的帮助。

对于这种情况，我会在心理咨询中建议他们从写不会寄给对方的信开始。

人在不停地思考的时候，会分辨不清哪些是重要的事情，哪些是自己苦恼的事情。通过写在纸上就可以将大脑中的想法进行整理。

属下、上司、父母、朋友、恋人、丈夫、妈妈……写信的对象应该有很多。

过于在意对方的话就会导致自己写不出来，所以重要的一点就是，这封信是不会真的寄出去的。

写信的目的在于倾吐自己的想法。

如何写一封不会送出去的信

①准备笔和便笺。

②在大脑中回想你的烦恼以及你想要传达的对象，不必在意漏字错字和语法，想到什么就直接写什么。

③当你写完真正想商谈的事情之后，在收件人那栏写上对方的名字。

④ 把你写好的信撕掉或者烧掉。

十四、复制机器人法——体验无拘无束的感觉

我在研讨会以及讲演中曾经让听众们尝试过一种可以减轻自身包袱的方法，并且有很多人感受到了实际效果，我现在把这种方法介绍给大家。

《哆啦A梦》的作者不二雄先生还有一部作品，名为《小超人帕门》。漫画中时常会出现一个名为“复制机器人”的道具，只要按下它红色的鼻子，机器人的外表就会变得和自己一样。

只要按下机器人的鼻子，就可以制造出两三个自己的分身。

而在实际演示当中，我把与会的朋友以及为我提供帮助的父母、兄弟看作了机器人。因为分身机器人是自己的分身，所以即便是父母，我们也要把他们看作是自己的分身。

对于那些不善于向他人求助、让他人支持自己、帮自己分担烦恼的人来说，通过这一方法，就可以实际切身体会到这种感觉，从而变得快乐。

如何使用复制机器人

①用双手捧起那些并不属于自己的重物。

②制作自己的分身（复制机器人）。让协助者站在自己面前，按下他们的鼻子，想象一下他们变成了和你外表一致的分身。

③对他们说“一个人的力量是有限的，麻烦帮我分担一下”，并把手上的重物全部交给分身们。

④体会一下一身轻松的感觉。

麻烦别人的话可能会很困难，而选择让自己的分身来帮忙的话，则可以减少很多心理压力。使用复制机器人的意义正在于此。

当习惯了这一技巧之后，你就可以不再去想象复制机器人，而是对现实中的他人说“麻烦帮我拿一下”，来寻求帮助。

可能你会问，是不是一个人就无法做这种练习了呢？因此针对这一问题，我也提供了供单人使用的定制方案。

复制机器人法　单人使用版本

①准备一个非常重的物品，用双手捧起来。

②想象着自己的复制机器人正站在自己面前，并对他说“麻烦帮我拿一下”，之后将手中的重物缓缓地放在地面上。重点在于想象对方帮自己拿了重物。

③最后，充分地感受一下没有任何负担，全身轻松畅快，无拘无束的感觉吧。

将这些感受牢牢地记忆在自己的潜意识当中，每次练习的时候都能感到身心愉悦，自己也终于可以鼓起勇气去请求他人帮忙了。

请求他人帮忙绝不是件坏事。自我肯定感低的人常常会把所有的任务都包揽在自己身上，而这一技巧则可以为你的自我肯定感的提高提供强有力的帮助。

十五、上帝视角法——克服心理盲点

在心理学的世界里，没有“失败”这个词。

“失败”这个词，在事情进展不顺利的时候会用到。它蕴含着自己在头脑中所描绘的，因未取得实际成果而感到懊恼的心理状态。

每个人都会有处理不好人际关系和工作不顺心的时候，如果从更高的角度（上帝视角）来看的话，其实这不过是件很平常的事。

本来想去地点 A，结果只能去地点 B。你可能觉得这是失败。

但是绝对会有一些在地点 A 看不到的、地点 B 所独有的妙处与体验。随后运用你在地点 B 的经历与体会，重新出发，你就能到达一个会带给你更多收获的地点 A，而这无疑比你头脑中所描绘的“到达地点 A”这一成功要精彩得多。

这就是所谓的将失败转变为机遇。

世上没有失败，只是有人把它当作失败。

它并非失败，只是一件事而已。

运用上帝视角观察事物，你就能发现自己从未注意到的内容。心理学称之为克服心理盲点。

世界上根本没有失败这个词。

用“上帝视角”看问题吧。你应该能发现很多从前没有注意到的机遇与体会。

如何用“上帝视角”看问题

在这里，我将为你介绍当与上司、朋友或恋人相处出现问题的时候，该如何应对。

①想象一下自己和对方所站的位置。

②将自己站的位置设为X，对方所站的位置设为Y。

③自己的意识像灵魂出窍一般从背后飞出来，“呼”地一下到了Y位置，飞进了对方的身体。

④这样一来对方的想法、立场以及烦恼，你都一清二楚。

⑤接下来你需要到达上帝视角所需的第三人角度Z的位置。从地面的XY位置飞向上空。

从位于上空的Z位置看去，自己就能冷静而客观地（用上帝视角）看待自己和对方了。

之后你在俯瞰XY的时候就会产生不同的角度与想法。这样一来，你就能放松心情，发现自己其实也没必要这么苦恼，进而产生新思路与解决问题的新方法。

十六、343 法则——摆脱被嫌弃感

自我肯定感低的你，是不是也想被周围的人欣赏呢？比如：

希望上司认为自己是个有用的人。

希望别人认为自己是可爱的人。

希望丈夫和孩子认为自己是个可以依靠的人。

自我肯定感低的人会对自己没有自信，害怕被别人嫌弃。为了能够让别人欣赏自己，所以只能察言观色，处处留意，导致自己力不从心。

因此，他们总会强迫自己必须做好一切事。比如：

作为母亲必须把抚养孩子的事情做到完美。

不被人欣赏的话根本不配活着。

应该做一个让所有人都喜欢的人。

诸如此类的“应该……”的想法，会进一步束缚自己，让自己痛苦不堪。

在这种情况下，有一种方法可以让你快乐起来。

那就是“343 法则”。

这是在企业经营领域大家耳熟能详的法则，而在心理学领域它也被实践证明是有效的。

3——3 个喜欢你的人

4——4 个不喜欢也不讨厌你的人

3——3 个不喜欢你的人

也就是说在 10 个人当中，喜欢你和不喜欢也不讨厌你的人占了 7 个。

我再举一个例子。

杂志上时不时会刊载明星人气排行榜的投票结果。

在投票结果中，经常会出现这样一种现象，即喜欢的明星及想被其拥抱的前10名明星，和讨厌的明星及不想被其拥抱的前10名明星中，都有明星A的身影。

你会不会觉得这很不可思议？

其实这也体现了“343法则”的原理。

被所有人喜欢，这充其量只是一种幻想。

只要把自己对此的认识稍微端正过来，你就能豁然开朗。

在阿德勒心理学领域有一本名为《被讨厌的勇气——“自我启发之父”阿德勒的哲学课》的畅销书，如果你有被人讨厌的勇气，那么你就能在自己的内心要被抽空的时候保护好自己。

极端点说，假设日本有 1 亿人，就算其中 9999 万 9998 人都讨厌我，我也不会在意。

只要有一位能够推心置腹地和我说真心话的挚友就足够了。

重点在于你能真正地珍视那个与你关系最亲近、爱着你、守护着你的人。

不管是被人批判还是被人讨厌，都不要在意，随他怎么样就好了。把时间和精力放在这些人身上就太浪费了。

因为人生短暂，你的寿命也是有上限的。

虽说每个人都希望自己能被所有人喜欢，但是你要知道，这是不可能的。

清楚了这一点，端正自己的想法，让自己拥有不怕被人讨厌的勇气，你的内心就会豁然开朗。

就算有人无法接受自己也无妨。

就算不被大家喜欢也没关系。

这是很正常的事情。

这只是世间的一种法则而已。

没必要去勉强自己，把自己搞得筋疲力尽。

请珍爱自己。

“343 法则”的应用方法

当你烦恼于人际关系、想要被人喜欢而用力过猛、筋疲力尽的时候，就在大脑中回想一下“343 法则”吧。

3——3 个喜欢你的人

4——4 个不喜欢也不讨厌你的人

3——3 个不喜欢你的人

你的内心就会豁然开朗。

十七、黄色椅子技巧——让身心愉悦

自我肯定感低的人容易产生负面情绪。

要是无论何时何地都能把负面情绪替换为预先设计好的“开朗”“快乐”“温柔”等正面情绪的话，是不是很厉害？

在这里我们用到的就是想象的力量。这是一种非常强有力的心理疗法，一定要尝试一下。

黄色椅子技巧的操作方法

①首先预设自己想要的心情。

②之后在大脑中想象一下你曾经体会到这种心情时的场景。在这里我们假设想要的心情是“快乐的心情”。

③你在想象快乐心情的时候脑海中浮现出了什么颜色？在这里我们将其设定为亮黄色。

④想象一下你面前有一把亮黄色的椅子。

⑤回想一下过去的快乐时光，如果你感到快乐那就坐在那把椅子上。

⑥想象一下你一边感受着快乐，一边正坐在黄色的椅子上。

⑦暂时从那把椅子起身，深呼吸，将你的心情复原。

⑧将④～⑦重复 3 次。

⑨单纯地想象一下有一把黄色的椅子，再想象一下自己坐在了那把椅子上。

如果你立刻感到快乐的情绪奔涌上来，那就说明大脑回路已经得到了替换。无论身在何处，只要想象一下自己坐在黄色的椅子上，就能立刻心情愉悦。

这次我们将“快乐的心情”映射为黄色的椅子，如果你已经能做到立刻复现这种心情的话，下次可以尝试一下将“温柔的心情”映射为粉色的椅子。

当你的大脑中形成新的神经回路之后，你就可以轻而易举地瞬间实现心情转换。对于那些苦于过低的自我肯定感所带来的失落与不安的人来说，这是一个可以让自己豁然开朗的有效方法。

以上为大家介绍了很多技巧，但并不是说每一项都必须运用。

按照自己的节奏，选择那些可以让自己身心愉悦的方法慢慢练习就可以了。你的自信一定会慢慢提高的。

后　记

你是无可替代的存在

无论多少岁，你都可以随时提高自我肯定感！

我在饱受惊恐症和抑郁症的折磨之后明白了这一点。

我自己也曾被“执念”所束缚，有过一段绝望的生活。

因为自我肯定感比较低，所以想说的话也说不出，无法给属下下达指示。最终就只能自己一个人背负起重任，还导致自己出现了心理问题。

我通过学习心理学的知识并应用于实践，现在已经能够找到“我很好，你也很好”的心理状态，不会再去压抑自己，而是能够传达自己的想法。

像我这样被过低的自我肯定感折磨到出现心理问题的人都能在二十七八岁的时候提高自我肯定感，所以我敢断定，无论你现在多少岁，都为时不晚。

在我的咨询者中，从十几岁到七十几岁的人都有，因此足以证明我的方法是有效的。

正在阅读本书的你，可能并没有严重到患心理疾病的程度，但是如果你现在过于在意他人的想法、压抑着自己的天性，并因此而痛苦不堪的话，那么这本书应该能够帮助你提高自我肯定感。

爱自己、不断为自己摄入养分，就是让自己活得更加认真，更加珍重。

拥有自爱的能力之后，你的内心会更加充实，而多出来的那部分爱则会成为对他人的人文关怀。你也会因此成为一个善解人意、温柔而又强大的人。

美国的演讲家梅尔·罗宾斯（Mel Robbins）曾说过：“你出生的概率只有 400 万亿分之一”。

我们出生的概率这一天文数字，是科学家们通过专业计算得出的结果。

我在做心理咨询时经常说，真正“运气不好”的人，连出生的机会都没有。

你现在生存在这个世界上，本身就是个天文数字般的奇迹概率。

而且，你能看到这本书，或许也是一种奇迹。

近年来，自从《被人讨厌的勇气》一书大卖之后，能够使人幸福生活的心理学便成了人们关注的焦点。

阿德勒心理学领域，有这样一个结论，即“提高自我肯定感是幸福生活的关键所在”。

德国文学家、诺贝尔奖得主赫尔曼·黑塞（Hermann Hesse）曾说过下面这句话，我非常喜欢。

“人生的义务，并无其他，仅有的义务，就是幸福。”

我写这本书正是为了能够让你在未来的人生中获得幸福。

爱上自己吧。你就是自己最坚实的后盾。

如果真的有神存在，并且能够帮助我实现“送给当时的自己一份小礼物”这一愿望的话，我想把这本书送给小时候的自己。

无论是你我还是这个世界，都是不完美的，

这世上从来没有完美的人。

正视自己的不完美，不要嫌弃，你的不完美实际上也是属于你的一部分，和你自身同等重要。就算是无法做到完美，也要接纳不完美的自己，与自己深情相拥。

就算是不完美，也有人爱着你。

我希望通过阅读本书，你能够真正体会到你是这世上无可替代的绝佳存在。

痛苦不堪的你，绝不是孤立无援的。

当你在读这本书的时候，我就陪伴在你身边，一边紧靠着你，一边不断为你加油鼓劲。

总而言之，希望你能在今后愈发充满自信，愈发熠熠生辉。祝你幸福。

期待我们能不期而遇。

2019 年　令和元年新纪元初夏

于大分市书斋　弥永英晃